核电厂维修人员专业技能培训教材

辐射仪表检修

中核核电运行管理有限公司　组织编写

中国原子能出版社

图书在版编目（CIP）数据

核电厂维修人员专业技能培训教材. 辐射仪表检修 / 中核核电运行管理有限公司组织编写. 一北京:中国原子能出版社,2020.11（2024.7 重印）

ISBN 978-7-5221-0967-1

Ⅰ. ①核… Ⅱ. ①中… Ⅲ. ①核电厂-辐射测量仪-设备检修-技术培训-教材 Ⅳ. ①TM623.7

中国版本图书馆 CIP 数据核字（2020）第 193368 号

核电厂维修人员专业技能培训教材 辐射仪表检修

出版发行 中国原子能出版社（北京市海淀区阜成路 43 号 100048）

责任编辑 徐 明

装帧设计 赵 杰

责任校对 冯莲凤

责任印制 赵 明

印　　刷 中煤（北京）印务有限公司

经　　销 全国新华书店

开　　本 787 mm×1092 mm 1/16

印　　张 12.625

字　　数 316 千字

版　　次 2020 年 11 月第 1 版 2024 年 7 月第 2 次印刷

书　　号 ISBN 978-7-5221-0967-1 **定　价 90.00 元**

网址：http://www.aep.com.cn **E-mail：atomep123@126.com**

发行电话：010-88828678

核电厂维修人员专业技能培训教材

辐射仪表检修

编审委员会

出版前言

为保障入职一年以上的核反应堆维修员工获得应对正常工况和紧急情况所需的工作技能和技术水平，中核核电运行管理有限公司维修领域各处室和综合培训处在完成维修专业技能培训科目编制和教学实施工作的基础上，继续推动了《维修专业技能培训教材》辐射仪表检修合订本的出版工作。

《维修专业技能培训教材》辐射仪表检修合订本中所有科目于 2015 年编制完成。2016 年开始面向维修领域入职一年的员工进行教学实施，并纳入中核核电运行管理有限公司各维修处室的岗位培训清单。《维修专业技能培训教材》辐射仪表检修合订本的所属科目对维修领域的员工技能培训工作中起到了"提高维修技能水平、保障机组安全生产"的作用。为了更好发挥维修专业技能培训教材的作用，配合核电厂维修领域工作的顺利有序开展，便于培训部门有效地组织培训，正确引导学员通过培训、学习，提高自身素质和能力，中核核电运行管理有限公司综合培训处组织印刷出版《维修专业技能培训教材》辐射仪表检修合订本。

《维修专业技能培训教材》辐射仪表检修合订本内容紧扣维修领域入职一年后的员工所迫切需要掌握的维修相关技能；通过对核电厂共性专业设备中辐射仪表检修知识学习和基本操作技能演练，正确辨识相关参数，通过对核电厂共性辐射仪表基本操作演练，正确认识岗位上专业维修设备辐射仪表的基本操作方法，进而提升核电厂维修人员对辐射仪表进行规范操作的能力。

《维修专业技能培训教材》辐射仪表检修合订本包含 6 个部分。其中第一部分 使用存储记录仪(8841 型)专业技能培训由宋磊负责编写，第二部分 使用绝缘测试仪专业技能培训由刘义初负责编写，第三部分 使用回路校验仪(FLUKE 744)专业技能培训由张书学负责编写，第四部分 辐射防护监测系统预防性维护和试验专业技能培训由刘子川负责编写，第五部分 控制区入口监测系统设备运行、操作与维修专业技能培训由章振宇负责编写，第六部分 辐射防护监测系统设备运行、操作与维修专业技能培训由杨冬负责编写。内容涵盖核电厂共性专业设备中辐射仪表检修的理论知识和基本操作技能。

《维修专业技能培训教材》辐射仪表检修合订本的编制出版，凝聚着编、审、校、排、印及组织管理人员的大量辛勤劳动和心血，同时得到了相关部门的大力支持和热情帮助，在此表示深深地谢意！

《维修专业技能培训教材》辐射仪表检修合订本中如有不妥之处，恳请批评指正。

中核核电运行管理有限公司

目　录

第一部分　使用存储记录仪（8841型）

第二部分 使用绝缘测试仪

第三部分 使用回路校验仪（FLUKE 744）

第四部分　辐射防护监测系统预防性维护和试验

第五部分　控制区入口监测系统设备运行、操作与维修

第六部分　辐射防护监测系统设备运行、操作与维修

第一部分　使用存储记录仪(8841 型)

第一章　操作准备

1.1　存储记录仪概述

1.1.1　存储记录仪的定义

所谓的存储记录仪即将采样后的电压等信号转换为波形或数字代码进行显示或存储，以便于后续工况分析，图 1-1 即为存储记录仪的原理图。

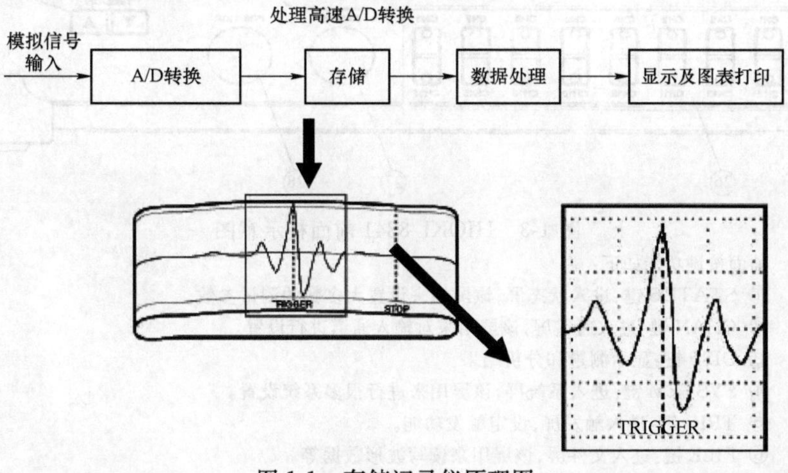

图 1-1　存储记录仪原理图

其中对于 A/D 转换部分，见图 1-2，采样速度越快，X 轴上的数据就越精确，分辨率越高，Y 轴上的数据就越精确。

1. 前面板

HIOKI 8841 记录仪前面板上设置了所有的按键以及旋钮，用来完成参数设置、调节、测量、存储、打印、查看等基本操作，图 1-3 为其示意图。

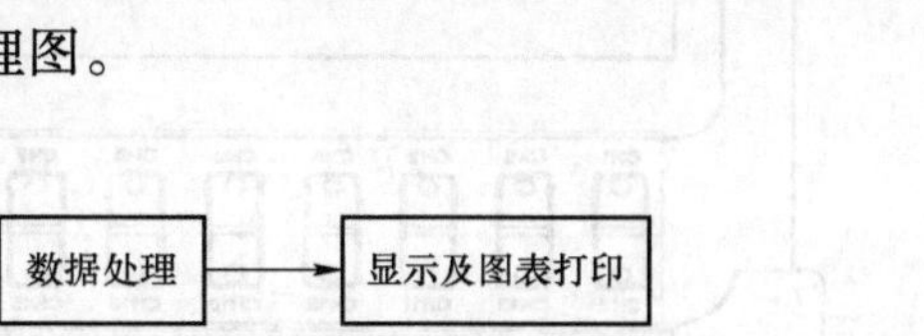

图 1-2　存储记录仪 A/D 转换

1.1.2 HIOKI 8841 的基本结构与设置

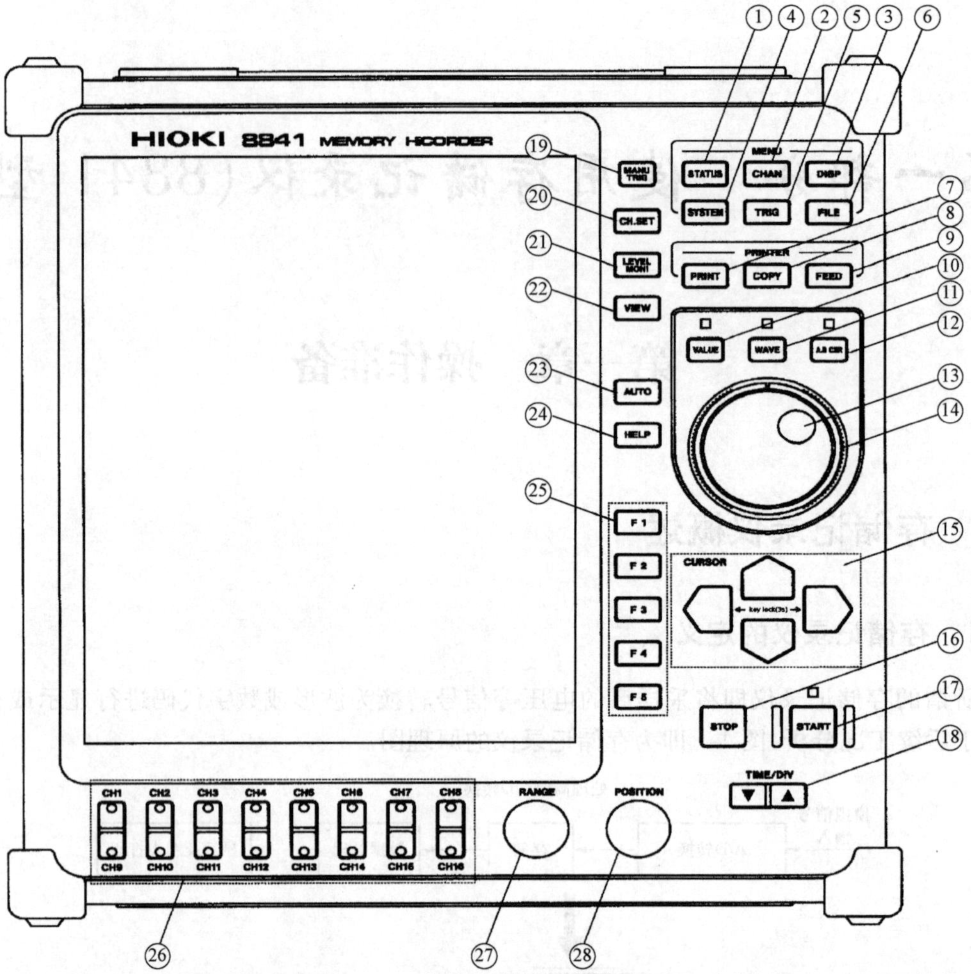

图 1-3 HIOKI 8841 前面板示意图

前面按键功能如下：

① STATUS 键：进入状态屏，该屏用来设置大多数的测量参数。

② CHAN 键：进入通道屏，该屏用来对输入通道进行设置。

③ DISP 键：显示测量和分析结果。

④ SYSTEM 键：进入系统屏，该屏用来进行很多系统设置。

⑤ TRIG 键：进入触发屏，设定触发功能。

⑥ FILE 键：进入文件屏，该屏用来读写波形数据等。

⑦ PRINT 键：打印出存储的波形。

⑧ COPY 键：打印前屏幕显示的硬拷贝。

⑨ FEED 键：揿压该键使打印纸进纸。

⑩ VALUE 键：用来设置数字。

⑪ WAVE 键：用来卷动波形。

⑫ A.B CSR 键：用来移动 A/B 光标。

⑬ 旋钮：旋转旋钮，用来改变数值、移动 A/B 光标、卷动波形。

⑭ 飞梭：同心圆环，用来改变数值、移动 A/B 光标、卷动波形。

⑮ CURSOR 键：这些键用来在 4 个方向移动闪烁光标。

⑯ STOP 键：停止测量和分析，揿压该键两次停止测量。

⑰ START 键：开始测量和分析。在测量期间，键上的发光二极管点亮。

⑱ TIME/DIV 键：用来设定输入信号的采入和存储速度。

⑲ MANU TRIG 键:当仪器处于待触发状态时,揿压该键引起手动触发。

⑳ CH.SET 键:在显示屏幕上设定输入通道。

㉑ LEVEL MONI 键:检查输入信号的电平。

㉒ VIEW 键:在屏幕底部显示当前波形相对于整个记录长度的位置信息。

㉓ AUTO 键:揿压该键自动设定 X 轴和 Y 轴的范围,以易于读数。

㉔ HELP 键:提供在线帮助。

㉕ F1 到 F5 键:用来选定设置的项目。

㉖ Channel select/Input value 键:选定输入通道或设定数值。

㉗ RANGE 旋钮:设定输入通道的测量范围。

㉘ POSITION 旋钮:设定输入通道的零位。

2. 右面板

右面板为电源输入部分、测量信号输入接口部分以及存储卡插入部分等接口界面,图 1-4 为其示意图。

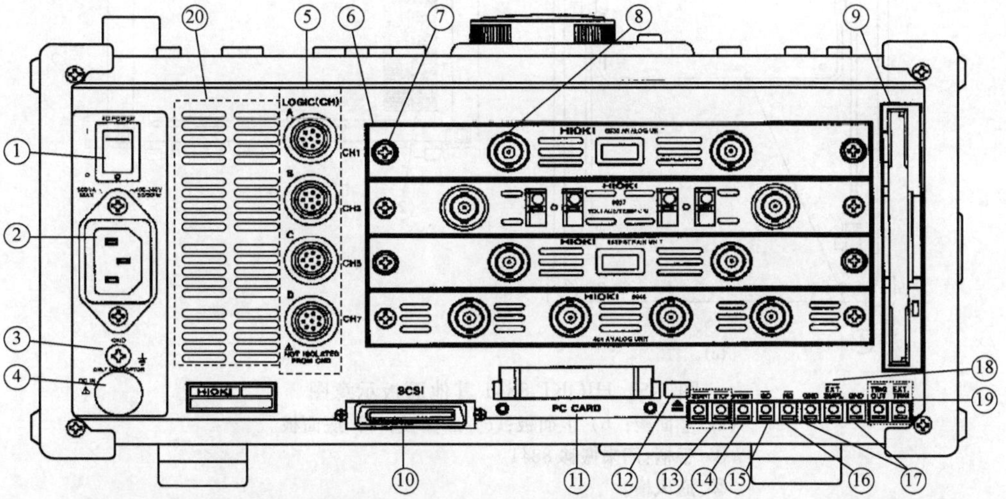

图 1-4　HIOKI 8841 右面板示意图

① 交流电源开关:打开或关闭交流电源。

② 电源插座:电源线插入此处。

③ 功能接地端子:接地线接线端子,一般不连接。

④ 直流电源插座:与附加的直流电源适配器 9433 连接。

⑤ 逻辑探头接口:与逻辑探头输入模块连接,适用于通道 A 至 D。

⑥ 输入模块插槽:这些插槽用来安装输入模块。

⑦ 固定螺钉:用来固定插入式模块。

⑧ 模拟输入接口:接测试信号。

⑨ 软盘插槽:装入软盘。

⑩ SCSI 接口:可以连接 MO 盘。

⑪ PC 卡插槽:装入 PC 卡。

⑫ 弹出按钮:取出 PC 卡。

⑬ 外部"启动/停止":用来控制开始/停止操作。

⑭ 外部打印端子:可以控制打印操作。

⑮ 输出"通过"端子:当输出波形的评价结果为"通过"时,这个端子输出一个信号。

⑯ 输出"不通过"端子:当波形评价的结果为"不通过"时,这个端子输出一个信号。

⑰ 接地端子:跟(13)至(16)、(18)、(19)端子共用。

⑱ 外部采样端子:允许输入一个外部采样信号。

⑲ 触发端子:用来与其他模块进行同步。输入时使用 EXT TRIG 端子,而输出时使用 TRIG OUT 端子。

⑳ 通风槽。

3. 其他面板

其他面板示意图见图 1-5。

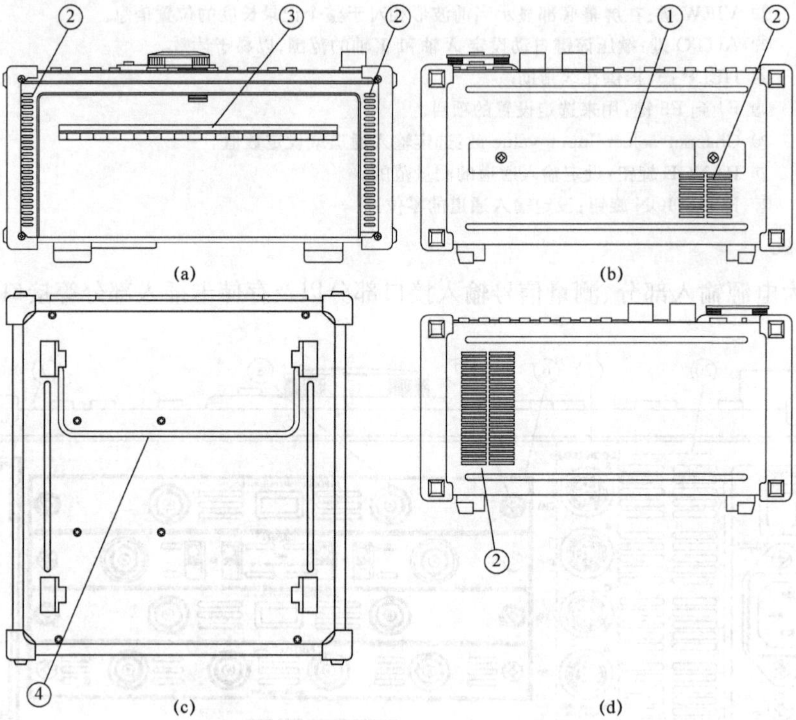

图 1-5 HIOKI 8841 其他面板示意图

(a) 左面板;(b) 上面板;(c) 后面板;(d) 底面板。

① 手柄:用来搬移 8841。

② 通风槽。

③ 打印机。

④ 支腿:用来支撑仪器成某一角度。

1.1.2 HIOKI 8841 记录仪常用工作模式说明

HIOKI 8841 有三种记录模式可供选择,即 MEMORY 记录模式、RECORDER 记录模式和 RMS 记录模式,其中 MEMORY 记录模式最为常用,其特点是采样和存储的速度快,可以达到记录仪的最高采样率,但由于内存大小的限值,该模式的记录时间受限。该记录模式的原理见图 1-6。

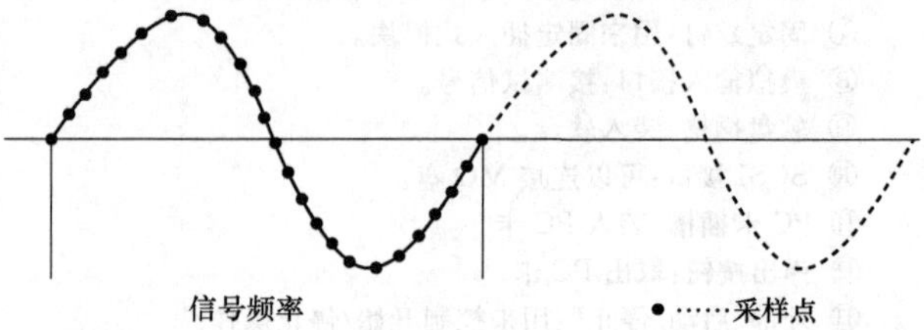

图 1-6 HIOKI 8841 MEMORY 记录模式原理图

RECORDER 记录模式的特点是可以较长时间的连续记录,非常接近原来的走纸记录仪。该记录模式对于每个采样点都会记录一个最大值和一个最小值,从而做到不漏掉出现的突变信号,该模式的工作原理见图 1-7。

RMS 记录模式类似 MEMORY 记录模式,但仅适用于测量交流信号的有效值。

根据上述不同记录模式的特点,针对不同的被测信号,选择合适的记录模式才能达到预期的工作目的。一般情况下,对于被测信号为交流信号时建议采用MEMORY记录模式或RMS记录模式,若被测信号需要长时间连续记录直流信号时,建议采用RECORDER记录模式。

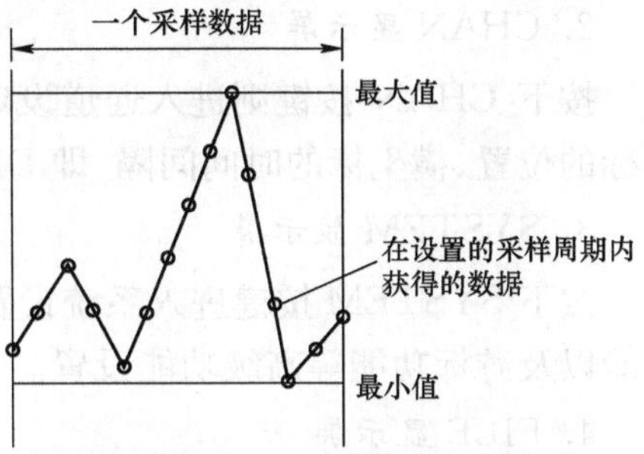

图 1-7　HIOKI 8841 记录仪 RECORDER 记录模式原理图

1.1.3　各设置屏幕简介

1. STATUS 屏幕设置

在记录仪开机自检完成后,第一次按下 STATUS 键,出现图 1-8 显示的界面,此时移动光标至屏幕最上方中间部位,即可以选择记录模式为 MEMORY,向下移动光标,则可以对屏幕中间各项进行设定。对于各项设置定义不明确的,可以通过按压 HELP 键来查看各设定项目的定义,从而进行恰当的选择。

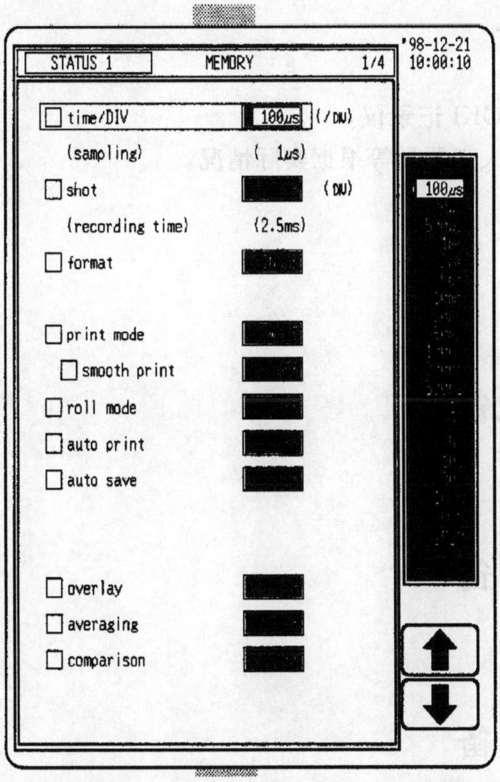

图 1-8　HIOKI 8841 记录仪 STATUS 1 设置屏幕

Time/Div:用于设定每个小格的时间长度,即时间轴精度。

Shot:设定记录长度的格数。

Format:设定显示格式。

Print Mode:选择以波形或数字作为打印输出形式。

Roll Mode:选择是否在采样同时显示波形

Auto Print:选择是否在采样测量结束后自动打印输出。

Auto Save:选择是否在采样测量结束后自动保存测量结果。

Overlay:选择在空间不足时,是否对原来的测量结果进行覆盖。

2. CHAN 显示屏

按下 CHAN 按键则进入通道设定，首先需要根据实际情况来选择通道数目、颜色、在纵坐标的位置、横坐标的时间间隔，即 DIV 等。

3. SYSTEM 显示屏

按下 SYSTEM 按键进入系统设置，进行系统时间设定等操作，还可进行比例功能、注释功能以及游标功能等高级功能设置。

4. FILE 显示屏

按下 FILE 按键进入文件编辑显示界面，可对文件进行复制、删除等操作。

1.2 文件准备

涉及现场工作的文件等。

1.3 工器具准备

(1) 专用工器具：HIOKI 记录仪。

(2) 常用工器具：个人工器具等根据实际情况。

1.4 模拟体准备

不适用。

1.5 辐射防护准备

不适用。

1.6 工业安全准备

穿戴防护用品。

1.7 配合人员准备

根据实际情况确定。

1.8 场地准备

不适用。

第二章 操作实施

2.1 操作实施 1,记录仪检查

记录仪检查见表 2-1。

表 2-1

序号	操作步骤	操作要求	操作工器具	测评标准
1	现场检查	检查现场电源接头情况	万用表	220 VAC
2	连接记录仪	连接记录仪至 220 VAC 电源	插线板或电源拖线盘	按操作要求完成
3	记录仪自检	打开记录仪电源开关	无	按操作要求完成

2.2 操作实施 2,STATUS 1 界面设定

STATUS1 界面设定见表 2-2。

表 2-2

序号	操作步骤	操作要求	操作工器具	测评标准
1	按下 STATUS 按键	轻按 STATUS 键	记录仪	按操作要求完成
2	选择记录模式为 MEMORY	将光标移动到(STSTUS1) 后面的记录模式处,按下 F1 键选择记录模式为 MEMORY	记录仪	按操作要求完成
3	选择合适的 Time/Div Frequency	根据实际情况选择合适的横坐标轴参数	记录仪	按操作要求完成
4	选择合适的 Shot(Recording Time)	根据实际情况选择合适的采用精度	记录仪	按操作要求完成
5	选择显示窗口数目	选择 Single 单窗口显示	记录仪	按操作要求完成
6	选择打印模式	选择打印模式为 Wave,即打印波形	记录仪	按操作要求完成
7	确定 Roll Mode 选项	确定 Roll Mode 选项为 Off	记录仪	按操作要求完成
8	确定 Auto Print 选项	确定 Auto Print 选项为 Off	记录仪	按操作要求完成
9	确定 Auto Save 选项	确定 Auto Save 选项为 Off	记录仪	按操作要求完成
10	确定 Overlay 选项	确定 Overlay 选项为 Off	记录仪	按操作要求完成

当移动光标到某个参数时，若该参数存在几个不同的选项，则在显示屏右侧会自动跳出相应的选项，每个选项都对应一个功能键，即 F1 至 F5 等，要选择某个选项则按下其对应的功能键 Fn 即可。当选项过多时，可能会分屏显示，此时按下 F5，可在不同选项屏中进行跳转。

2.3 操作实施 3，STSTUS 2 界面设置

STSTUS 2 界面设置见表 2-3。

表 2-3

序号	操作步骤	操作要求	操作工器具	测评标准
1	按下 STATUS 按键	再次按下 STATUS 按键	记录仪	按操作要求完成
2	选择触发模式	根据实际需求选择合适的触发模式，通常选择 Auto	记录仪	按操作要求完成
3	设置手动触发	根据实际情况选择是否需要手动触发	记录仪	按操作要求完成
4	设置 Pre-trigger	根据实际情况选择是否需要预触发	记录仪	按操作要求完成
5	设置触发源逻辑关系	选择 OR 即或逻辑关系	记录仪	按操作要求完成
6	设置触发类型	根据实际需要设置各通道的触发类型	记录仪	按操作要求完成
7	设置逻辑触发	根据实际需要设置各逻辑通道，通常逻辑通道均不使用	记录仪	按操作要求完成
8	设置外部触发	根据实际需要设置外部触发，通常情况不采用	记录仪	按操作要求完成

根据实际情况对各通道的触发类型进行设置，即选择第一章提到的六种模拟触发的类型之一。每个通道均可进行设置，并结合序 5 中选择的触发源逻辑关系来确定最终的触发类型，若选择触发源逻辑关系为 And，则设置的各通道触发条件均满足时才能触发，若如选择触发源逻辑关系为 Or，则设置的各通道触发条件满足任何一个均能触发记录仪开始工作。

2.4 操作实施 4，Channel 显示界面设置

Channel 显示界面设置见表 2-4。

表 2-4

序号	操作步骤	操作要求	操作工器具	测评标准
1	按下 CHAN 按键	轻按 CHAN 按键	记录仪	按操作要求完成
2	选择通道数目	根据实际需要，选择合适的测量通道数目	记录仪	按操作要求完成
3	确定各通道颜色	为便于区分，对不同通道的颜色进行确定	记录仪	按操作要求完成
4	确定各通道显示图形	确定各通道的显示图形	记录仪	按操作要求完成

续表

序号	操作步骤	操作要求	操作工器具	测评标准
5	确定各通道电压轴的范围	根据实际情况,对每个通道的电压轴即纵坐标分度进行确定	记录仪	按操作要求完成
6	连接各输入通道	给各输入通道接线	记录仪	按操作要求完成
7	确定各通道零位	观察各通道的零位是否重合	记录仪	按操作要求完成
8	调整各通道零位	根据实际情况对各通道零位进行调整	记录仪	按操作要求完成
9	调整电压轴的放大与衰减	根据实际情况对各通道电压轴进行放大或衰减	记录仪	按操作要求完成
10	设置滤波	根据实际情况确定各通道是否需要设置低通滤波	记录仪	按操作要求完成

2.5　操作实施 5,SYSTEM 显示界面设置

SYSTEM 界面通常用来设置系统时间以及部分高级设置如注释功能、游标功能,一般而言不用进行设置。

2.6　操作步骤 6,开始测量

开始测量见表 2-5。

表 2-5

序号	操作步骤	操作要求	操作工器具	测评标准
1	按下 DISPLAY 按键	按下 DISPLAY 按键	记录仪	按操作要求完成
2	按下 START 按键	按下 START 按键	记录仪	按操作要求完成

2.7　操作步骤 7,结束测量

结束测量见表 2-6。

表 2-6

序号	操作步骤	操作要求	操作工器具	测评标准
1	按下 STOP 按键	按下 STOP 按键	记录仪	按操作要求完成
2	再次按下 STOP 按键	按下 STOP 按键	记录仪	按操作要求完成
3	检查测量结果	根据实际情况检查测量结果	记录仪	按操作要求完成

2.8 实施中需要特别注意的几个关键点

2.8.1 关键点 1

设置各通道的电压轴必须考量现场实际信号的输入范围，还必须结合零位调整进行设置。

2.8.2 关键点 2

在设置电压轴范围时，可手动触发进行观察实际输入波形作为参考。

2.8.3 关键点 3

采样时间和记录时间必须和触发模式综合考虑，如触发模式为REPEAT，则每次记录时间必须小于触发信号的周期，否则部分触发信号将无效并被忽略。

第三章　故障检查和处理

常见故障现象和判断方法检查和处理：出现故障后，记录仪显示屏幕下方会出现 ERROR 信息，此信息仅在错误消除后或按下 STOP 键后，方可消除。若蜂鸣器设置为开，则在显示错误信息的同时蜂鸣器鸣叫（见表 3-1）。

表 3-1

序号	故障现象	判断方法	故障原因分析	故障排除方法
1	打印失败，显示故障代码为 ERROR 1	检查记录仪出错信息	打印纸未安装好	重新安装打印纸
2	打印失败，显示故障代码为 ERROR 2	检查记录仪出错信息	打印机滑竿不到位	将打印机滑杆滑到位
3	打印失败，显示故障代码为 ERROR 11	检查记录仪出错信息	打印机设置不正确	系统设置为外部打印机，但外接打印机未设置
4	打印失败，显示故障代码为 ERROR 12	检查记录仪出错信息	设定打印机电源错误	检查外部打印机的连接和电源
5	打印失败，显示故障代码为 ERROR13	检查记录仪出错信息	打印纸用完	更换打印纸
6	打印失败，显示故障代码为 ERROR 14	检查记录仪出错信息	打印机故障	打印机故障，检查内部打印机

第四章　操作结束

4.1　总结回顾培训过程以及关键点

4.2　针对学员技能培训进行点评

4.3　召开技能培训操作工后会

4.4　征求学员对技能培训及教材的信息反馈

第五章 经验反馈

5.1 内部经验反馈

HIOKI 记录仪作为维修工具,因此未见相关的内部反馈,但从过往的使用经验来看,各记录仪的逻辑触发输入端是很复杂的,不建议用于现场测试,因其设置必须考虑内部逻辑与现场各逻辑(TTL 逻辑、CMOS 逻辑和 ECL 逻辑)的对应关系,否则容易导致记录仪烧坏,甚至因其现场系统异动,造成不必要的损失。如确要进行逻辑测试,请转用逻辑测试仪进行相应的工作。

5.2 外部经验反馈

未见 HIOKI 记录仪相关的外部经验反馈。

第六章 习 题

6.1 选择题

1. 若选择一台仪器检查几个小时的模拟信号,可能的最佳选择是(A)

A. 记录仪　B. 万用表　C. 示波器　D. 逻辑分析仪

2. 若现场某信号电压值出现陡降的瞬变情况,最合适的触发类型是(C)

A. 范围内触发　B. 范围外触发　C. 电压降触发　D. 手动触发

3. 周期性信号采用(　　)触发模式最佳,但须注意记录时间应(A)信号周期

A. Single,大于　B. Repeat,小于　C. Auto,无所谓　D. Single,小于

注:以上试题在口试时每题 2 分。

6.2 填空题

1. 记录仪一般的采样精度为μs 级别,而示波器则为 ns 级别,因此在监测工艺信号时应根据实际情况选择合适的仪器仪表。

2. 在任意界面按压 VIEW 键,即可快速查看输入通道的分布情况。

3. 不同型号模拟量输入模块的允许电压是不同的,具体数据可以从模块表面的标注来确定,测量之前需要确认,以防过压后烧毁模块。

注:以上试题在口试时每题 2 分。

6.3 简答题

1. 如何将记录仪记录的波形在电脑上查看、编辑?

将记录文件保存成*.bin 文件后放到电脑中即可查看编辑。

2. 在记录仪中如何精确查看离零点很远的信号的小幅波动?

通过设置偏置和放大倍数即可。

3. 怎样查看确认 HIOKI 8841 的最大采样率?

在 Status 1 界面即可查看。

4. 在记录仪中如何选择打印和拷贝的输出对象?

使用 PRINT 和 COPY 键。

注:以上试题在口试时每题 2 分。

6.4 实操题

鉴定点:使用 HIOKI 记录仪。

试题:使用 HIOKI 记录仪。

1. 准备要求:

考场准备:

(1) 试题名称:使用 HIOKI 记录仪。

(2) 本题分值:80。

(3) 考核时间:40 min。

(4) 考核形式:实操。

(5) 设备设施准备:

序号	名称	规格	单位	数量	备注
1	HIOKI 记录仪	8841	台	1	测试工具
2	电流电压源		台	1	源信号
3	万用表	FLUKE 179	块	1	测量工具
4	拖线盘	普通	个	1	
5	绝缘胶带	3 M	卷	1	线头包扎

考生准备:

(1) 试题名称:使用 HIOKI 记录仪。

(2) 本题分值:80。

(3) 考核时间:40 min。

(4) 考核形式:实操。

(5) 工具及其他准备:无。

2. 考核要求:

(1) 本题分值:80。

(2) 考核时间:40 min。

(3) 考核形式:实操。

(4) 具体考核要求:考核场地要求:现场整洁,工器具摆放有序,符合工业安全和辐射防护要求。

(5) 否定项说明:

考试过程中,非考生本人亲自参加考核;

技能培训中操作步骤不按顺序执行并已经导致操作部分无法成功完成;

遗漏技能培训科目操作步骤中的关键步骤,导致操作部分无法完成;

技能培训操作中严重违反安全生产相关规定的操作步骤;

技能培训口试中答案严重违反安全生产相关规定；
出现严重偏离技能培训目标标准的答案；
无法回答一定数量口试问题；
辅助人员帮助或提示考生酌情予以扣分。

3. 配分与评分标准：

序号	考核内容	考核要点	配分	评分标准	扣分	得分
1	实操前工作准备	(1) 工器具、材料、备件准备。 (2) 文件准备。 (3) 工业安全及辐射防护准备。 (4) 场地布置准备	20分	(1) 要求工器具、材料备件齐全,有遗漏项目酌情扣分。 (2) 相关文件准备(如需要)。 (3) 个人防护用品穿戴齐全,辐射防护要求按实际情况执行,未按要求准备酌情扣分。 (4) 工器具、材料等分类摆放整洁,视准备情况酌情扣分		
2	维修工器具的正确使用	维修工具、专用工具、量具等	30分	(1) 未正确使用工器具酌情扣分。 (2) 使用前未使用万用表检查记录仪电源电压扣10分。 (3) 未检查相关铭牌等扣10分。 (4) 无纸记录仪设置不当酌情扣分		
3	文明检修情况	零部件摆放、维修操作过程	20分	(1) 工器具摆放有序号,酌情扣分。 (2) 野蛮操作,酌情扣分。 (3) 未使用绝缘胶带包裹接线位置的直接扣3分		
4	操作时间	时间控制	10分	每超过3分钟扣1分		

评分人：　年　月　日　　　　　　　　核分人：　年　月　日

第二部分　使用绝缘测试仪

第一章　操作准备

1.1　绝缘电阻测试仪 FLUKE 1550B 概述

1.1.1　整体介绍

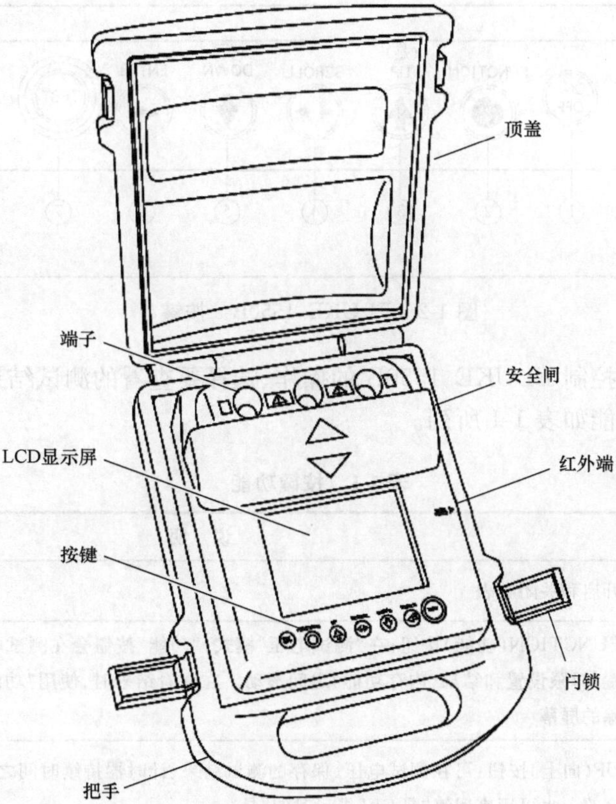

图 1-1　FLUKE 1550B 外观

FLUKE 1550B 特性如下：

（1）可显示文本的大型液晶显示屏(LCD)。

（2）5 种预置测试电压:250 V、500 V、1 000 V、2 500 V、5 000 V。

（3）可设置测试电压:250～5 000 V(50 V/100 V 步增)。

（4）电阻测量:0～1 TΩ。

（5）极化指数 PI 测量。

（6）介电吸收率 DAR 测量。

（7）线性增加(100 V 步增)所用测试电压的斜率模式。

（8）测试计时器和测试结果存储(用户可设定 ID 标记)。

（9）击穿电压读数。

（10）铅酸充电电池。

（11）30 min 无活动后自动关闭。

（12）红外(IR)端口供下载测试数据。

（13）提供 PC 软件。

1.1.2　按键及按键功能

FLUKE 1550B 的按键如图 1-2 所示排列。

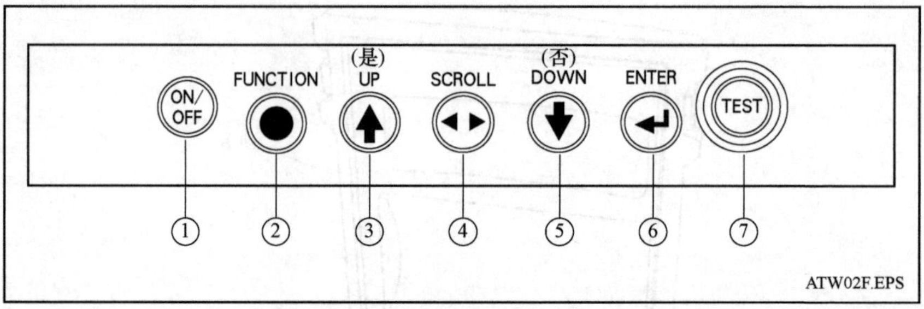

图 1-2　FLUKE 1550B　按键

使用这些按键可控制 FLUKE 1550B 的操作、选择要查看的测试结果,并上下滚动选中的测试结果。具体功能如表 1-1 所列。

表 1-1　按键功能

部件	按键	说　明
①	ON/OFF	开启和关闭电表
②	FUNCTION	FUNCTION(功能)按钮:在"测试电压"模式,"功能"按钮会在测试电压选择项、斜率测试设置、时限设置和结果(内存功能)之间滚动。在查看结果时,使用"功能"按钮选择要查看或删除的屏幕
③	UP (是)	UP(向上)按钮:可在测试电压、保存的测试结果、计时器持续时间之间滚动,并选择标记 ID 字符。也可用来回答"是/否"提示时的"是"
④	SCROLL	SCROLL(滚动)按钮:选择内存位置后,使用"滚动"按钮显示保存在内存中的测试参数和测试结果。包括电压、电容、极化指数、介电吸收率和电流等

续表

部件	按键	说 明
⑤	DOWN (否)	DOWN(向下)按钮:可在测试电压、保存的测试结果、计时器持续时间及内存位置之间滚动。也可用来回答是/否提示时的“否”
⑥	ENTER	ENTER(输入)按钮:用于从 RESULTS 功能访问保存的数据(内存位置),也可用于从 TEST VOLTAGE 功能启用测试电压在 250 ～5 000 V 的增量设置
⑦	TEST	TEST(测试)按钮:开始和停止测试。按住按钮 1 s,开始测试。再次按下按钮,停止测试

1.1.3 显示画面

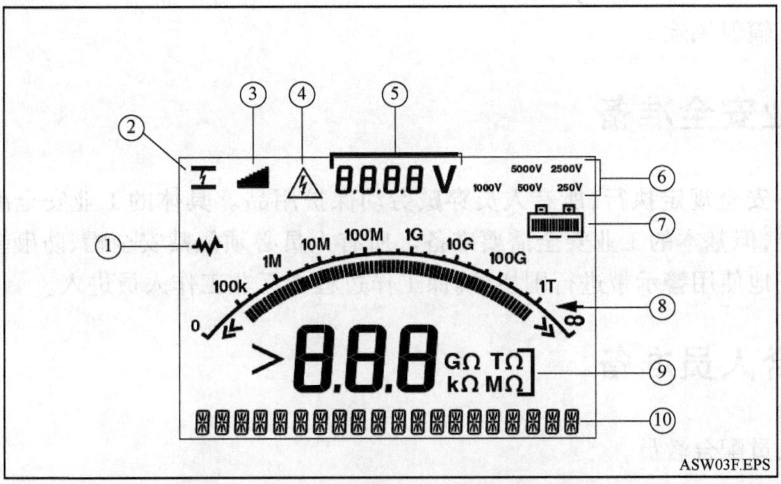

图 1-3 FLUKE 1550B 显示界面

表 1-2 显示画面说明

部件	说 明
①	有干扰。显示的读数可能超出规定的精确度量程
②	斜率模式中的电击穿
③	斜率模式指示灯
④	测试端子有可能危险的电压 ⚠ 警告:测试前和测试后,确认电表没有显示存在危险电压。如果电表持续发出嘟声并且有危险电压,请拔掉测试导线并断开被测电路的电源
⑤	电表端子上有电表供电的电压或来自被测电路的电压
⑥	测试电压选择项(250 V、500 V、1 000 V、2 500 V 或 5 000 V)
⑦	电池电量状态
⑧	条形图显示绝缘电阻
⑨	数字显示绝缘电阻
⑩	文本显示。表示电压、测试电流、电容,可设置测试电压和菜单选项

1.2 工器具准备

绝缘测试仪(FLUKE 1550B)、绝缘测试实验工装。

1.3 模拟体准备

检查模拟体是否有损坏,核实可否正常动作,以确保教学过程的顺利实施。

1.4 辐射防护准备

模拟体无辐射风险。

1.5 工业安全准备

按照工业安全规定执行,所有人员穿戴劳动保护用品。具体的工业安全准备需根据现场环境而确定,但基本的工业安全需要准备。所有人员必须佩戴安全帽、防砸鞋、工作服、手套等。检修场地使用警示带进行围栏,确保工作过程中无非工作人员进入。

1.6 配合人员准备

需仪控人员配合教员。

1.7 场地准备

清理场地,确保检修场地无其他异物;合理分配场地,确保工具、设备的合理分布,方便检修;在场地外围布置警示带。

第二章　操作实施

2.1　操作实施准备

操作实施准备见表 2-1。

表 2-1

序号	操作步骤	操作要求	操作工器具	测评标准	备注
1	切断被测设备电源	切断被测设备电源,接触就近铜牌或接触大地的良导体,对地短路放电,决不允许设备带电进行测量	跳线	断电,设备电源电路对地放电	
2	断开可能感应高电压的设备部件	断开可能感应高电压的设备部件	螺丝刀或套筒	将可能感应高电压的设备部件	
3	分离与被测通道相连的部件	分离与被测通道相连的部件	螺丝刀或套筒	将与被测通道相连的部件从设备上分离	
4	清洁被测物表面	清洁被测物表面	清洁工具	将被测物表面清洁干净	
5	检查绝缘测试仪的工作状态	检查绝缘测试仪的工作状态	跳线	绝缘测试仪工作正常	
6	检查绝缘测试仪的工作环境	检查绝缘测试仪的工作环境	无	绝缘测试仪工作环境正常	

绝缘测试仪在工作时,自身产生高电压,而测量对象又是电气设备,所以必须正确使用,否则就会造成人身或设备事故。使用前,首先要做好以下各种准备:

(1) 测量前必须将被测设备电源切断,并对地短路放电 1 min,电容量较大的应至少放电 2 min 以免触电和影响测量结果,决不允许设备带电进行测量,以保证人身和设备的安全。

(2) 对可能感应出高压电的设备,必须消除这种可能性后,才能进行测量。

(3) 测量前必须分离与被测通道连接的机箱或卡件,绝不允许机箱或卡件不经分离进行测量,以保证设备的安全。

(4) 用干燥清洁的柔软布擦去被测物的表面污垢,必要时先用无水乙醇洗净套管的表面积垢,以消除表面漏电电流影响测试结果,并减少接触电阻,确保测量结果的正确性。

(5) 测量前要检查绝缘测试仪是否处于正常工作状态,电池电量满足需求。

(6) 绝缘测试仪使用时应放在平稳、牢固的地方,且远离大的外电流导体和外磁场。

2.2 测量前的设置

测量前的设置见表 2-2。

表 2-2

序号	操作步骤	操作要求	操作工器具	测评标准	备注
1	绝缘测试仪接线	(1) 转动安全闸,露出端子连接。 (2) 将测试导线插入(图 4) 所示端子,连接测试导线至被测电路 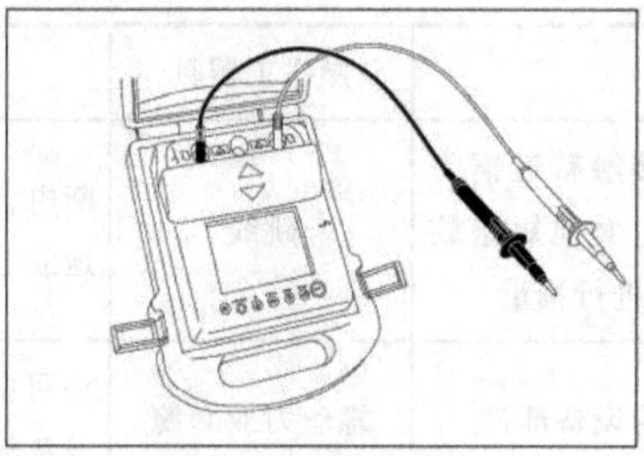 图 4 连接被测电路	无	按操作要求完成	
2	设置测试电压	(1) 开启绝缘测试仪,按下 FUNCTION 按钮选择 TEST VOLTAGE。 (2) 按下 UP 或 DOWN 按钮在预置的测试电压选项(250 V、500 V、1 000 V、2 500 V 和 5 000 V)间滚动,选择与技术规格要求最接近的电压。选中的测试电压将出现在显示屏的右上角。 (3)按下 ENTER 按钮。TV=xxxxV 将闪烁出现在显示屏的左下角	无	按操作要求完成	测试电压可能比选择的测试电压高 10%
3	选择斜率或就绪状态测试	(1) 绝缘测试仪开启后,按下 FUNCTION 按钮选择 RAMP TEST 功能。 (2) 按下 UP 或 DOWN 按钮打开或关闭斜率测试选项,显示屏的左上角斜率指示灯闪烁时,说明斜率选项已经打开	无	按操作要求完成	斜率测试功能是一项自动化测试,用来检查绝缘击穿。进行斜率测试期间,输出电压从 0 V 开始,线性增加(100 V 步增)直至达到指定的测试电压或直至检测到电阻突降
4	设置测试时间	(1) 绝缘测试仪开启后,按下 FUNCTION 按钮选择 RAMP TEST 功能。 (2) 重复按 UP 按钮增量时间,然后设定测试时间(以 1 min 为间隔)	无	按操作要求完成	测试时间根据不同电气设备的具体技术规格要求设置

2.3　进行绝缘测试

进行绝缘测试见表 2-3。

表 2-3

序号	操作步骤	操作要求	操作工器具	测评标准	备注
1	测试前再次检查	(1) 被测电路断开所有电源并将电路电容放电。 (2) 确定安装接线正确且没有任何人员有受伤的危险。 (3) 连接测试导线至绝缘测试仪输入,然后连接至被测电路。 (4) 参数设置完成	无	按操作要求完成	
2	绝缘电阻检测	(1) 按下(TEST)按钮 1 s 开始绝缘测试。测试开始时,电表发出三次嘟声。 (2) 数字显示屏表示电路稳定后测量的绝缘电阻。读取测试结果并记录。条形图将此数值持续地(实时)显示为趋势走向。 (3) 测试终止后,显示"STORERESULT?"。如果合适的话,请按照下一个步骤中所述方法保存测试结果。否则,按下 DOWN 按钮从而终止"STORERESULT?"提示。这样未保存结果	无	按操作要求完成	显示屏上的⚠图标闪烁,表示测试端子上有可能危险的电压
3	保存测试结果	(1) 按下 UP 保存测量结果。绝缘测试仪指定并显示顺序号标记号(00 至 99) 以标识测量。 (2) 如果可以接受标记号,按下 ENTER 按钮保存数据	无	按操作要求完成	
4	查看保存在内存中的结果	(1) 按下 FUNCTION 按钮 选择 RESULTS 功能。 (2) 按下 ENTER 访问测试结果存储位置。ID 标记位置出现在显示屏的右下角。 (3) 按 UP 或 DOWN 在不同的保存位置间滚动。 (4) 停在要查看的位置上。 (5) 按下 SCROLL 查看特定测试的已保存测试数据。测试数据出现在字母数字文本显示屏和 LCD 显示屏上。 (6) 按下 ENTER 使绝缘测试仪返回"测试电压"模式	无	按操作要求完成	
5	测试结束,放电	(1) 断开测试导线与被测电路。 (2) 分别将测试导线、被测电路(连接绝缘良好的短接线),接触就近的铜牌或连接大地的良导体,对地短路放电	绝缘良好的短接线	按操作要求完成	

注意:出现以下任何状况将终止绝缘测试:

(1) 用户停止(按下TEST按钮)。

(2) 达到计时器时限。

(3) 测试电路上有干扰。

(4) 启用斜率测试后发生击穿现象。

(5) 电池耗尽。

2.4 实施中需要特别注意的几个关键点

2.4.1 关键点 1

切断被测设备电源并放电;测试结束,绝缘测试仪和被测设备放电。这是安全操作的基础,也是人身、设备安全的前提。

2.4.2 关键点 2

设置绝缘测试仪参数。参数设置应结合具体被测设备的特点,需提前查阅相关设备技术规格要求,合理选择参数。切勿选择过高电压致使设备损坏。

2.4.3 关键点 3

由于测试电压较高,测量过程中需密切监视被测设备及绝缘测试仪状态,如遇异常,及时停止并关闭绝缘测试仪电源。接触被测设备前要确认测试停止并已经放电。

第三章　故障判断和排除

3.1　故障 1:新电缆绝缘故障

3.1.1　故障现象

某电站在系统改造时,敷设新电缆后对其进行电缆绝缘电阻测试,发现有一根电缆其中一芯线对地(屏蔽层)绝缘电阻少于 10 MΩ,与其他同类型电缆绝缘电阻(500 MΩ)相比偏小。

3.1.2　故障判断和排除

将该电缆故障芯线对屏蔽层用 2 500 V 档测量时,其电压只能升至 800 V,绝缘电阻为 504 kΩ。剥除外皮后,发现芯线有一接头,接头处热缩套管破裂,且与分屏蔽线已短路(见图 3-1)。

原因分析:此电缆规格型号为 $4\times2\times3.0\ mm^2$(43/0.3 mm),其中芯线直径为 0.3 mm,芯线线径较粗,接头处理不好容易刺破热缩套管绝缘层与屏蔽线短路。

图 3-1

3.2　故障 2:逻辑地与机柜外壳绝缘故障

3.2.1　故障现象

某电站系统绝缘电阻测试时,发现该系统逻辑地与机柜外壳绝缘电阻为 0,万用表测量电阻为 0.7 Ω。

3.2.2 故障判断和排除

首先,将机柜中的所有插件拔出,用万用表监测系统逻辑地与机柜外壳电阻值,然后一个一个将插件插入机柜内,在插入过程中当万用表电阻值跳变时,就确认该插件有故障,最后对故障插件故障定位时,发现该插件的一个紧固螺丝垫片与插件内逻辑地相连。

第四章　操作结束

4.1　被测设备恢复

- 断开检测试验连线；
- 恢复原有接线或部件安装位置。

4.2　检测设备回收

- 关断检测设备的电源；
- 回收检测设备及试验导线。

第五章　经验反馈

绝缘电阻测试是为了了解，评估电气设备的绝缘性能而经常使用的一种比较常规的试验类型。通常技术人员通过对导体、电气零件、电路和器件进行绝缘电阻测试来达到以下目的：验证生产的电气设备的质量；确保电气设备满足规程和标准(安全符合性)；确定电气设备性能随时间的变化(预防性维护)；确定故障原因(排障)。

一般而言，对于绝缘测试有以下类型：设计测试、生产测试、交接验收测试、预防性维护测试以及故障定位测试。不同的测试类型取决于不同的测试目的和应用领域，并且不同绝缘的测试过程也具有不同的特点，所选择的绝缘测试仪器也不一样。

第六章　习　题

6.1　选择题(每题 3 分,共 12 分)

1. 测量前必须将被测设备电源切断,并对地短路放电_______,电容量较大的应至少放电_______以免触电和影响测量结果。(C)

A. 2 min,3 min　　B. 1 min,3 min　　C. 1 min,2 min　　D. 2 min,1 min

2. 绝缘测试仪使用时应放在________、________的地方,且远离大的_______导体和_______。(B)

A. 稳定,牢靠,内电流,内磁场　　B. 平稳,牢固,外电流,外磁场

C. 稳定,牢靠,外电流,外磁场　　D. 平稳,牢固,内电流,内磁场

3. FLUKE 1550B 最大可测量电阻值为_______。(D)

A. 1 MΩ　　B. 10 MΩ　　C. 100 MΩ　　D. 1 TΩ

4. FLUKE 1550B 有_______种预置电压。(B)

A. 10　　B. 5　　C. 6　　D. 1

6.2　填空题(每空 3 分,共 12 分)

1. FLUKE 1550B 的功能按钮是_______。(FUNCTION 按钮)

2. 用干燥清洁的柔软布擦去被测物的表面污垢,必要时先用_______洗净套管的表面积垢,以消除表面漏电电流影响测试结果,并减少_______,确保测量结果的正确性。(无水乙醇,接触电阻)

3. FLUKE 1550B 可保存_______次结果供未来调用。(99)

6.3　简答题(每题 13 分,共 26 分)

1. 使用绝缘测试仪(FLUKE 1550B)在测量绝缘电阻时,正确的接线要注意什么?

答:接线前必须将被测设备电源切断,并对地短路放电;

旋开 FLUKE 1550B 安全闸,将测试导线一端插入 1550B 端子(区分"+""-"极),确认连接紧固,导线另一端接入被测电路(确认两导线之间无闭合回路)。

2. 绝缘测试仪(FLUKE 1550B)的使用方法是什么?

答:使用前检查、确认;查阅相关技术规格书,确认各测量参数。

绝缘测试仪接线;设置测试电压;选择斜率或就绪状态测试;设置测试时间。

测试前再次检查;绝缘电阻检测;保存测试结果;测试结束,放电。工完料尽整理场地。

6.4 实操题

试题:绝缘测试仪的(工作间)使用

鉴定点:绝缘测试仪的(工作间)使用。

1. 准备要求:

考场准备:

(1) 试题名称:绝缘测试仪的(工作间)使用。

(2) 本题分值:50分。

(3) 考核时间:60 min。

(4) 考核形式:实操。

(5) 设备设施准备。

序号	名称	规格	单位	数量	备注
1	绝缘测试仪及附件		套	1	
2	仪用工具包		套	1	

考生准备:

无。

2. 考核要求:

(1) 本题分值:50分。

(2) 考核时间:60 min。

(3) 考核形式:实操。

(4) 具体考核要求:掌握使用绝缘测试仪测量绝缘电阻。

(5) 否定项说明。

3. 配分与评分标准:

序号	考核内容	考核要点	配分	评分标准	扣分	得分
1	确认工作对象	根据工单内容确认设备	5	自检/互检确认,未自检,扣3分;未互检,扣2分		
2	检查标准仪器,预热高阻仪	(1) 检查绝缘测试仪的有效期; (2) 确认绝缘测试仪附件完整; (3) 确认绝缘测试仪电源电压选择	9	(1) 未确认标准仪器的量程合适、在有效期内,扣3分; (2) 未确认标准仪器的供电电压正确,扣3分; (3) 未检查附件完整且无断线现象,扣3分		
3	设置绝缘测试仪测试前准备	(1) 设置绝缘测试仪,按电阻测量的过程进行; (2) 测试绝缘测试仪在闭路状态时电阻	11	(1) 未正确完成绝缘测试仪设置,扣6分; (2) 未测试闭路电阻,扣5分		

续表

序号	考核内容	考核要点	配分	评分标准	扣分	得分
4	测量被测物体的绝缘电阻	按教材要求测量被测物体的绝缘电阻	20	(1) 按教材要求对被测物体的绝缘电阻进行测量,根据测量的情况酌情扣 1～10 分,最多扣 10 分; (2) 测量操作正确,测量结果符合规程要求,酌情扣 1～10 分,最多扣 10 分		
5	确认工作完成,清理工作现场	工完料净	5	未工完料净,扣 5 分		
否定项:无						
总分:						

评分人：　　年　　月　　日　　　　　　　　　　　　核分人：　　年　　月　　日

第三部分　使用回路校验仪(FLUKE 744)

第一章　操作准备

1.1　回路校验仪 FLUKE 744 简介

FLUKE 744 是美国 FLUKE 公司生产的一款高端现场多功能过程校验仪,其主要功能如下(见图 1-1):

(1) 用于测量传感器、变送器和其他仪器的电压、电流(mA)、RTD、热电偶、频率,及电阻。

(2) 输出/模拟变送器校准所需的电压、电流(mA)、热电偶、RTD、频率、电阻,及压力。

(3) 电流测量的同时为变压器提供回路电源。

(4) 使用 29 块福禄克 700Pxx 29 压力模块测量/输出压力。

(5) 编制并运行 as-found/as-left 程序,以满足质量计划和规定,按照所选文件格式记录测量结果。

(6) 对下载程序和校准结果可保存长达一周的时间。

(7) 具有多种功能,包括自动步进、自定义测量单位、在测试过程中输入数据、单点和两点切换测量、平方根 DP 流量测试、可编程测量延时等。

(8) 高亮度双显示屏,可以同时读取源参数和测量参数。

(9) 与多种 Asset Management 软件包兼容。

图 1-1　FLUKE 744 过程检验仪

1.1.1　回路校验仪 FLUKE 744 特点

(1) 无论是完成校验、调试或日常检修工作,回路校验仪 FLUKE 744 都将大大提高工作效率。

(2) 多功能:校准温度、压力、电压、电流、电阻和频率。由于仪器能同时进行输出(包括模拟功能)和测量功能,因此一台仪器就能完成校准和检修工作。

(3) 三种操作模式:测量模式,输出(模拟)模式,测量/输出同时进行模式。因此一台就能完成校准和检修工作。

(4) 集成了 HART 通信能力:FLUKE 744 不但是多功能过程校准器,而且提高 HART 手操器功能,实现 HART 仪表的维护、校准和调整(详见后 FLUKE 744 HART 过程仪表认证校准器说明)。

(5) 容易使用:类似电脑界面。逐级菜单指导完成任何工作。能方便地创建调整前校准程序(As-Found)和调整后校准程序(As-Left),在校准过程中,无需手工记录校准数据。所有校准数据自动记录在仪器内,并和被校表(UUT)位号(Tag ID),操作者信息一块存入存储器。存储器中的校准数据可以直接在仪表上调用,也可以通过电脑打印报告出来。

(6) 限位开关校准:可以迅速完成电压/电流/温度/压力的一点或二点限位开关的校准。

(7) 记录和存档校准结果:为支持 ISO9000 和其他规范化标准,FLUKE 744 可以自动捕捉校准结果,不需要现场手工记录。其能通过自身的 RS232 接口将校准结果传至电脑,节约了手工抄写的时间。

(8) 自动步进功能:可以方便设置一个自动可变的源输出量,可设置;开始前的延迟时间,步进幅度,每步持续时间等参数。

(9) 用户输入值:允许用户输入外界其他仪器或显示表的数值。

(10) 用户定义单位:允许用户将显示单位替换为用户定义的任何单位,并在新旧单位之间定义比例关系。

(11) 支持流行的仪器管理软件:FLUKE 744 能和流行的系统软件兼容。这些流行的系统软件有 Emerson-AMS,Honeywell-Docu Mint,Comerstone,Prime Tech-nology 等。直接从这些软件下载校准程序,上传校准结果到系统软件归档。

(12) 开方特性曲线功能:可以直接校准差压流量仪表。

(13) 内置计算器:除完成加/减/乘/除外可以进行开方,存储,取回操作。这在现场设置参数或评估数据时非常有用,不用再带铅笔、纸或计算器。

(14) 可编程延迟测量功能:可以用来校准那些应速度慢的仪表。

(15) 真正手持:是可装入工具包或在空间狭小的现场使用,高效充电电池能支持一天长达 8 h 的工作。

(16) 坚固可靠:模制外壳可以经受严酷工业环境的考验。校准器有一年或两年校准周期和三年免费保修。

1.1.2 FLUKE 744 的主要技术指标

(1) 测量直流电压:0~±300 V,交流电压:0~300 V 20 Hz~5 kHz。

(2) 测量频率:1~1 kHz(100 mV~300 V,rms)、1~30 kHz(0.5~30 V,rms)、30~50 kHz(1~30 V,rms)。

(3) 测量电阻:0 Ω~11 kΩ。

(4) 测量直流电流:0~110 mA。

(5) 测量压力:2.5 kPa~69 000 kPa。

(6) 回路电源:24 V 或 28 V(22 mA 最大)。

1.1.3 FLUKE 744 面板按钮功能简介

FLUKE 744 面板按钮功能简介如图 1-2 所示。

① 明亮的冷阴背光显示屏:可以在任何光线条件下观测结果。

② 220 V 转接电源插头 RS 通信口,HART 通信口压力模块接口。

③ 软菜单键:对应显示屏上的功能键。

④ 电源开关。

⑤ 三种工作模式:测量、输出、测量输出同时。使技术人员仅使用一台仪器就可以完成故障诊断,校准和维护工作。

⑥ mA 功能键。

⑦ 设置功能键,实现以下功能的设定。

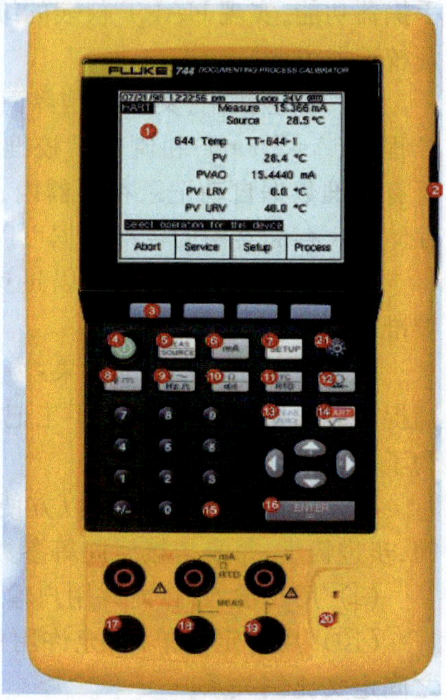

图 1-2 功能简介

- 回路电源(24 V/28 V 可选)。
- 冷端补偿设置:内部、外部。
- 自动节电模式:打开或关闭机器/背景光,选择自动关机/背景光前等候时间。
- 清除记忆内存。
- 时间日期设置。
- 数字显示模式。
- 压力单位(psi,mHg,Mh2,bar,Pa,g) 温度单位(摄氏/华氏/绝对温度/开尔文)选择。
- 温标选择(IST-90/IPTS-68)。
- 语言选择。
- 身份识别信息修改。

⑧ 直流电压功能键。

⑨ 交流电压及频率功能键。

⑩ 电阻及通断功能。

⑪ 热电偶或电阻功能键。

⑫ 压力功能键。

⑬ 清除键。

⑭ HART 通信键,实现 HART 通信功能,完成大部分手操器的工作。

⑮ 数值输入。

⑯ 确认回车。

⑰ 输出电压/电阻/电阻(最大电压不超过 30 V)。

⑱ 输出 mA 通道(最大电压不超过 30 V)测量 mA/电阻/铂电阻通道。

⑲ 测量电压通道(最大电压不超过 300 V)。

⑳ 热电偶测量/输出端。

㉑ 背景光。

1.1.4　初识回路校验仪 FLUKE 744

开机：

- 当你第一次取出回路校验仪 FLUKE 744，你需要将电池充电，给电池充电 2 h。
- 将电池放入校准仪中。
- 连接校准仪的电压输出端和输入端如下。

连接最左端的一对插孔(V、Ω、RTD 输出)和最右端的一对插孔(VMEAS)(见图 1-3)。

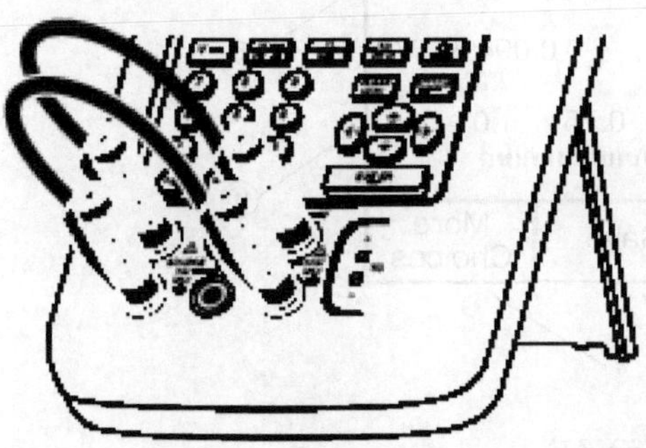

图 1-3　跨接线连接

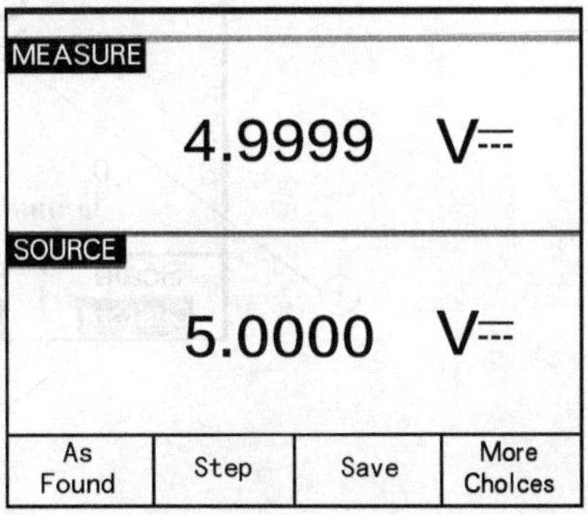

图 1-4　输入输出的例子

- 开机按⊙，按▲，▼以调整对比度。以达到最好的显示效果。校准仪在接通电源时是直流电压的测量功能，可以在一对 VMEAS 输入插孔中得到读数。
- 按 SETUP 键，进入输出屏幕显示，校准仪将仍测量直流电压，并且你可以在显示屏顶部看到其测量情况。
- 按 V—…键，选择直流电压输出。按数字键 5 和 ENTER=，开始输出 5.000 0 V 直流电压。
- 按 MEAS SOURCE 键，进入双重显示屏幕。测量、输出同时工作。校准仪同时输出和测量直流电压。你将在上半部屏幕看到测量读数，在下半部屏幕看到输出值，如图 1-4 所示。

1.1.5　显示屏幕

图 1-5 为典型的显示屏幕。显示屏幕显示测量方式，紧靠上部显示为“输出关”，这一区域可显示其他方式(输出或测量)的状态。其显示部分如下：

(1) 状态条：显示时间和日期(在设定方式下设置)同时还显示回路电源、电池储存和屏幕照明开关，所有这些功能都在设置模式中设定。电池和屏幕照明不足也将在此处显示。

(2) 模式指示器：显示仪器的设置工作状态，是在测量方式，输出方式还是在分割屏幕的测量/输出同时显示方式。在每一个窗口中都对应着它的相应模式指示。

(3) 测量值：按照你的选择显示工程单位或按百分比显示的测量值。

(4) 量程状态：显示自动量程是否开通及当前所使用的量程。

(5) 用户单位指示：指示所显示单位为用户单位，测量值或输出值的原始工程单位将不显示。

(6) 附属显示:无论在使用缩放比或用户单位使用时,以原始工程单位显示测量或输出值。

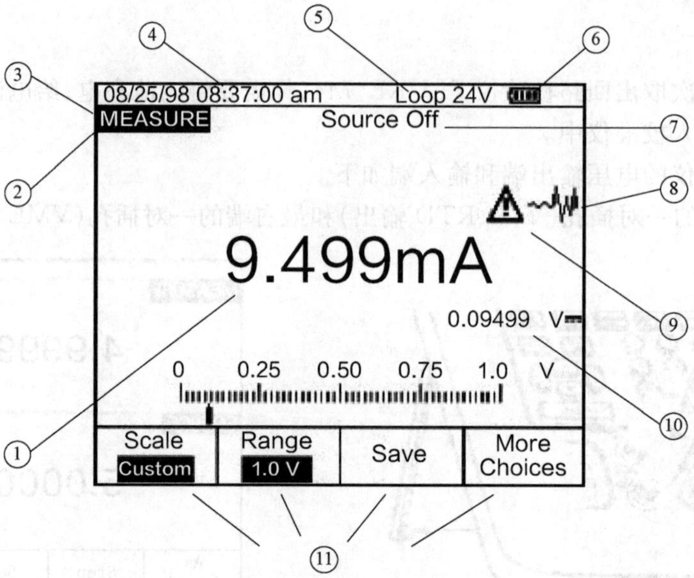

图 1-5 典型显示屏幕

1.1.6 设置校准仪

在您打开校准仪之后,请按图 1-6 所示将随机提供的带子依附在仪器上。您可以按照需要调节带子以将校准仪悬挂至固定结实的支撑上。图 1-6 还向您展示了在桌面上使用时,如何打开支架,从而将校准仪安装至适合观看的角度。

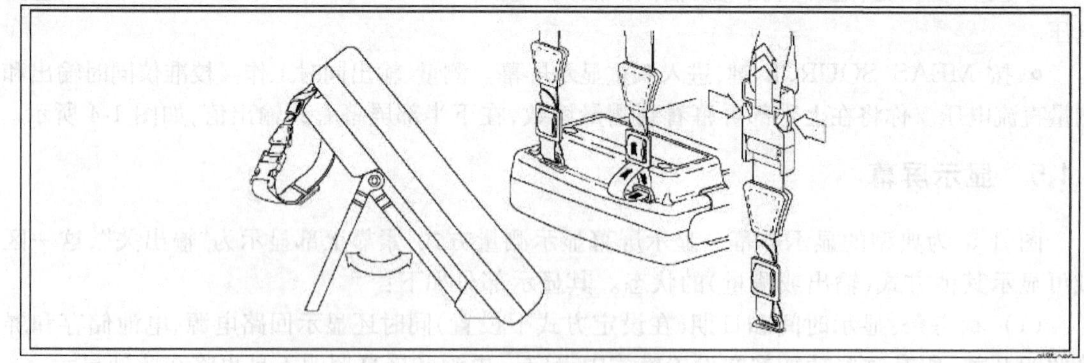

图 1-6 使用支杆并使用提带

1.1.7 保持电池使用寿命

可选的“自动省电”功能可以在超过设定的空闲时间之后将校准仪关闭。“自动省电”功能的缺省设置是“关闭”。当“自动省电”功能开启并且在使用可选的镉镍电池组(型号 BP

7217)时,图标会在显示屏的右上角显示。在关闭电源后,对"自动省电"功能的设置会仍然保留。当使用电池电流转换装置时,"自动省电"功能同样会起作用。请按照如下步骤开启"自动省电"功能。

(1) 请按动 setup。

(2) 按动▼以显亮出现于 Auto Battery Save 之后的 Off。

(3) 按动 ENTER 或者按动 Choices 软键。

(4) 按动▲以显亮 ON,然后按动 ENTER。

(5) 若您接受显示屏上所显示的暂停时间,请到此停止。请按动 Done 以终止设置模式而无需继续进行第 6 步。

(6) 若您想改动暂停时间,请按动▼以显亮出现于 Battery Save Timeout 之后的暂停时间。

(7) 按动 ENTER 或者按动 Choices 软键。

(8) 请以分钟为单位输入您选择的暂停时间(可接受的范围:1～120 min)。

(9) 请按动 Done 软键。

(10) 请按动 Done 或者 setup 以终止 Setup 模式。

警告

为避免对校准仪造成损坏,请只使用型号为 BE 9005 的 FLUKE 系列电池电流转换装置。

当具备交流电源时,您可以使用可选的型号为 BE 9005 的 FLUKE 电池电流转换装置以节省电池能量。当使用电池电流转换装置时,电池在内部是断开的,因而可以将其从校准仪卸除。电池电流转换装置主要用于在工作台上对工艺仪表进行故障分析。当您在校准仪表时,使用电池电源将获得最佳的结果。

1.1.8 选择显示语言

此校准仪能以五种语言显示信息。缺省语言是英语。若您想更改显示语言,请按如下操作进行:

(1) 请按动 setup。

(2) 按动左边第三个软键两次。

(3) 按动▼三次。

(4) 按动 ENTER。

(5) 按动▲或者▼以显亮您选择的语言。

(6) 请按动 ENTER 以确认您的选择。现在您所选择的语言将是接通电源时的缺省语言。

(7) 按动 setup 以终止 Setup 模式。

1.1.9 调节显示屏对比度

请按动▲或者→以增加对比度。按动▼或←则用于降低对比度。当▲或▼键已被占用于从列表中选择条目，例如在 Setup 模式中时，此时请使用←或者→键调节对比度。在 Calculator 模式下，所有四个方向键都被用于算术功能。

1.1.10 显示日期和时间

在正常操作中，显示屏的顶部可以显示日期和时间。您可以在 Setup 模式下开启或者关闭日期和时间显示。您还可以控制显示日期和时间的格式。不管您是否使用日期和时间显示，您都应该设定日历和时钟，因为所有的已存储结果都应用了时间信息。

请按以下步骤设置日期和时间显示：

(1) 请按动 setup。

(2) 按动 the Next Page 软键。显示屏将显示如下。

(3) 使用▲或者▼键将光标移动至想要更改的参数，然后按动 ENTER 或者 Choices 软键以选择此参数的设定。

(4) 按动▲或者▼键以将光标移至想要的日期格式。

(5) 按动 ENTER 以返回 setup 显示。

(6) 重新开始另外一次选择，按动 Done 软键或者 setup 以保存设置并终止 Setup 模式。

1.1.11 测量功能

操作模式(即 MEASURE，SOURCE 模式)在显示屏上是以反向显示条的形式显示的。如果校准仪未处于 MEASURE 模式，请按住 MEAS/SOURCE 直至 MEASURE 显示。必须处于 MEASURE 模式下才能对 MEASURE 参数进行更改。

此校准仪通常会自动改变到适合的测量范围。显示屏的右下角视范围状态的不同而显示为 Range 或者 Auto Range。Auto Range 切换点在本手册最后的规格中有显示。当按动 Range 软键时，测量范围被锁定。再次按动将循环至下一个测量范围并锁定。当您选择另外一个测量功能时，Auto Range 被重新激活(见表 1-1)。

如果测量范围已经锁定，超过此范围的输入将产生------的显示。在 Auto Range 状态时，超过范围的输入将产生!!!!!!的显示。

表 1-1 测量和信号输出功能一览表

功能	测量	信号输出
直流电压	0～±300 V	0～15 V(最大 10 mA)
交流电压	0～300 V 有效值(rms)20 Hz～5 kHz	无输出
频率	1 Hz～1 kHz(100 Mv～300 Vrms) 1～30 kHz(0.5 V～30 Vrms) 30～50 kHz(1 V～30 Vrms)	1 mV～10 V，0 Hz～50 kHz 零点对称正弦波或方波
电阻	0～11 kΩ	0～11 kΩ
直流电流	0～110 mA	0～22 mA(28 V 最大)
通断	蜂鸣并显示 short 一词	无
热电偶	E,N,J,K,T,B,R,S,C,L,U	

续表

功能	测量	信号输出
热电阻 2、3、4 线测量,2 线输出	100 Ω Platinum(3 926) 100 Ω Platinum(385) 120 Ω Nickel(672) 200 Ω Platinum(385) 500 Ω Platinum(385) 1 000 Ω Platinum(385) 10 Ω Copper(427) 100 Ω Platinum(3 916)	
压力	27 种压力模块从 2.5 kPa 至 69 000 kPa	*
回路电压	24 V 或 28 V(22 mA 最大)	

*对于压力输出功能,是指由外部手动压力泵或其他压力源作为压力信号

当开启校准仪时,它同时启动直流电压测量功能。图 1-7 显示了电气测量连接。若想从 SOURCE 或者 MEASURE/SOURCE 模式选择电气测量功能,请首先按动 MEAS/SOURCE 进入 MEASURE 模式,然后按照如下步骤进行:

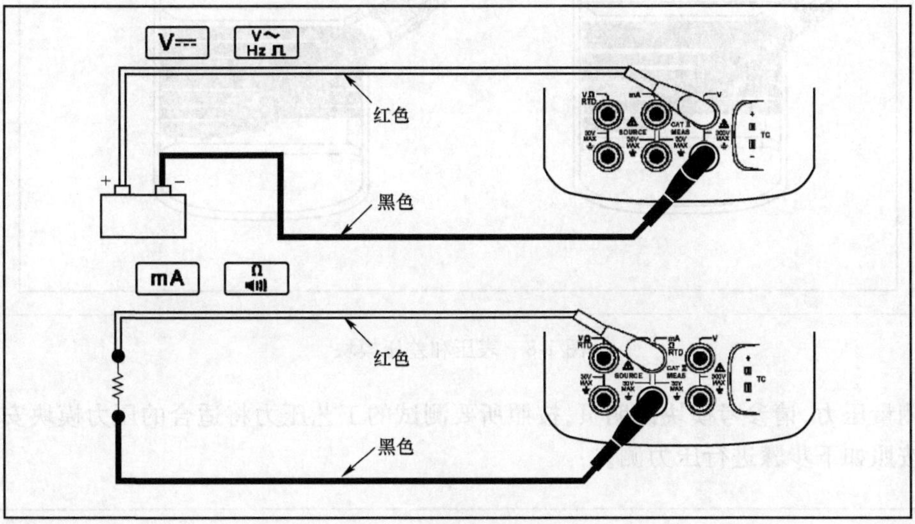

图 1-7 电气测量连接

测量电流请按动 mA,测量直流电压请按动 V−,测量交流电压请按动 V~/HzΠ 一次,测量频率请按动 V~/HzΠ 两次,测量电阻请按动"Ω"。

提示:当测量频率时,会得到所进行的测量要低于 20 Hz 的提示。请按动▼以选择更低的频率范围,然后按动 ENTER。

1. 测试连续性

当测试连续性时,当"Ω"MWAS 插头和其普通插头之间的电阻小于 25 Ω时,校准仪会发出报警声,并且显示屏会显示文字 Short。当电阻大于 400 Ω时,显示屏上会显示文字 Open。请按照如下步骤测试连续性:

- 请将要测试的电路去除电源。
- 如有需要，请按动 MEAS/SOURCE 以进入 MEASURE 模式。
- 按动“Ω”两次以使 Open 显示。

2. 测量压力

FLUKE 可以为您提供许多级别和类型的压力模块。请参阅本手册背面附近的 Accessories。在使用压力模块之前，请阅读与之相应的说明页。模块会视使用方式、归零方式、允许使用的工艺压力媒质的类型及精确度规定而改变。

图 1-8 显示了标准规格和差分模块。通过将底部接头与大气相通，差分模块还可以工作于 gage 模式。

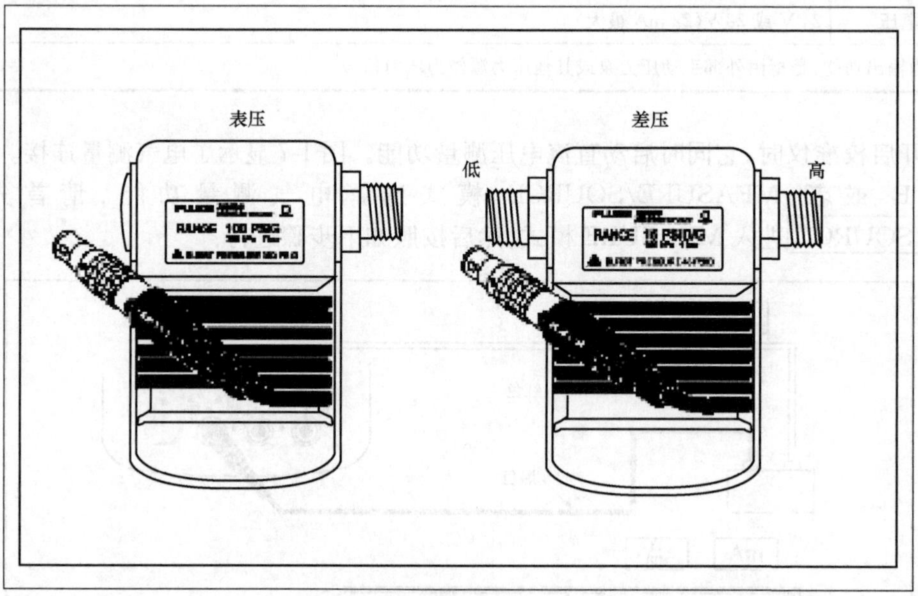

图 1-8 表压和差压模块

要测量压力，请参考模块说明页，按照所要测试的工艺压力将适合的压力模块安装上。请按照如下步骤进行压力测量：

警告

为避免压力系统发生压力急剧下降的情况，在将压力模块安装到压力管线上之前，请关闭阀门并慢慢地将压力释放。

提醒

为避免压力模块的机械损伤，请千万不要在压力模块接头之间以及接头与模块体之间施加大于 10 ft・lb 的扭矩。请务必在压力模块接头与连接接头或转换头之间施加适应的扭矩。

为避免过压对压力模块造成损伤，请千万不要施加大于压力模块上所印制的最大额定压力。

为避免腐蚀对压力模块造成损伤，请将其仅用于所规定的物料。有关相配的可接受的物料信息，请参考压力模块上的印刷或者压力模块说明页。

请按照图 1-9 所示将压力模块连接至校准仪。压力模块上的螺纹可以对接标准的 1/4NPT 管线接头。如果需要请使用随机提供的 1/4NPT 至 1/4ISO 的转换头。

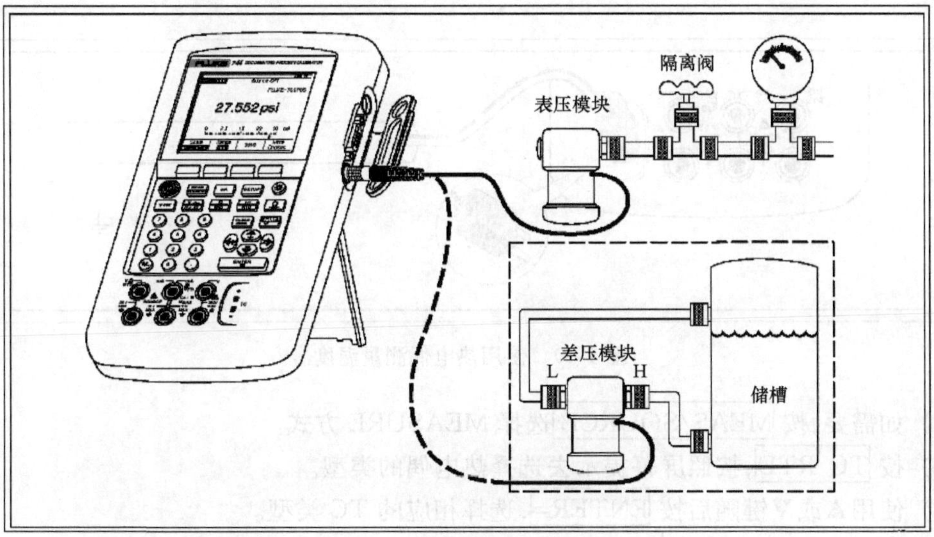

图 1-9　测量压力的连接

(1) 请按动 MEAS/SOURCE 以进入模式。

(2) 按动 校准仪将自动识别所使用的压力模块类型并相应地设定范围。

(3) 请参考模块说明页，将压力模块归零。模块的归零步骤会视模块类型的不同而呈现差异。在测量压力之前您必须执行归零这一步骤。

(4) 您可以按照所需改变压力显示单位，如 psi，mHg，inHg，mH2O，inH2O@，inH2O@60……在 Setup 模式下可以看到包含基本单位(如 Pa，mHg 等)在内的所有压力单位。

请按照如下步骤改变压力显示单位：

(5) 请按动 setup。

(6) 按动 Next Page 两次。

(7) 按动 ENTER 或者 Choices 软键并将光标停留在 Pressure Units 上。

(8) 请使用▲或者▼键选择压力单位。

(9) 按动 ENTER。

(10) 请按动 Done。

3. 测量温度

校准仪支持 11 种标准热电偶，每一种都对应有第一个字母表示：E，N，J，K，T，B，R，S，C，L，U。表 1-2 概括了这些热电偶的范围和特性。

使用热电偶测量温度，请按下列步骤进行：

> **注意**
>
> 如果校准仪与热电偶插头所处温度不同，请等待 1 min，或者在插入微型插头到 TC 输入/输出后，等待连接器温度稳定。

（1）将热电偶导线与相应的TC微型插头相连，然后按图1-10所示插到TC插孔。一个插头比另一个宽些。不要用力将微型插头插入错误的极性中去。

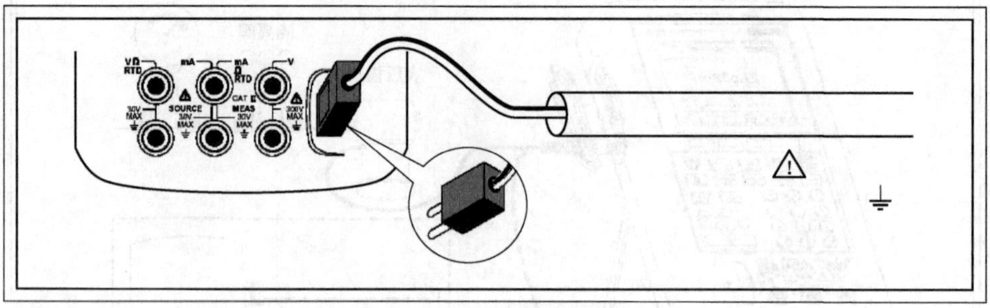

图 1-10 使用热电偶测量温度

（2）如需要，按 MEAS/SOURCE 选择 MEASURE 方式。

（3）按 TC RTD，按照屏幕提示去选择热电偶的类型。

（4）使用▲或▼键随后按 ENTER=，选择相应的 TC 类型。

（5）如需要，可按下列在 SETUP 方式下选择℃或℉温度单位。

① 按 SETUP。

② 按 Next Page 功能键两次。

③ 使用▲或▼键移动光标至需改变的参数，然后按 ENTER=或 Choices 功能键选择设定参数。

④ 按▲或▼移动光标至所希望的设定值。

⑤ 按 ENTER=反回到 SETUP 显示屏幕。

⑥ 按 Done 功能键或者 SETUP 退出 SETUP 模式。

⑦ 如需要，可在 SETUP 模式下改变 ITS-90 或 IPTS-68 温度标准，步骤与上述 a～f 所述相同。

表 1-2 可使用的热电偶类型

类型	正极性导线材质	负性性导线(H)颜色		负极性导线材质	指定的温度/℃
		ANSI*	IEC**		
E	铬镍合金	紫红	紫	康铜	-250～1 000
N	镍-铬-硅	橙		镍-硅-锰	-200～1 300
J	铁	白	黑	康铜	-210～1 200
K	铬镍合金	黄	绿	镍基热电偶合金	-270～1 372
T	铜	蓝	棕	康铜	-250～400
B	铂(30%铑)	灰		铂(6%铑)	600～1 820
R	铂(13%铑)	黑	橙	铂	-20～1 767

续表

类型	正极性导线材质	负性性导线(H)颜色		负极性导线材质	指定的温度/℃
		ANSI*	IEC**		
S	铂(10%铑)	黑	橙	铂	-20～1 767
C***	钨(5%铼)	白		钨(26%铼)	0～2 316
L(DIN J)	铁			康铜	-200～900
U(DIN T)	铜			康铜	-200～600

* 美国家标准协会(ANSI)规定负导线总是红色。

** 国际电气委员会(IEC)规定负导线总是白色。

*** 不是ANSI标准而是Hoskins工程公司所规定的

4. 使用铂电阻—温度检测计(RTDs)

如表1-3所列,校准仪所接受的RTD类型。RTDs在0 ℃(32℉)的阻值称为"冰点" 或R0。

最常用的R0为100 Ω。大部分RTDs检测取自三端结构。校准仪以两线、三线或四线制连接接受RTD测量输入信号。其中四线制测量方式精度最高。两线制测量方式精度最低。

表1-3 可使用的铂电阻类型

RTD类型	冰点(R0)/Ω	材料	α/(Ω/℃)	测量范围/℃
Pt100(3926)	100	铂	0.392 6	-200～630
*Pt100(385)	100	铂	0.385	-200～800
Ni120(672)	120	镍	0.672	-80～260
Pt200(385)	200	铂	0.385	-200～630
Pt500(385)	500	铂	0.385	-200～630
Pt1000(385)	1 000	铂	0.385	-200～630
Cu10(427)	9.035**	铜	0.427	-100～260
Pt100(3916)	100	铂	0.391 6	-200～630

* IEC751标准;

** 10 Ω@25 ℃

5. 使用RTD输入测量温度

请按下列步骤进行:

(1) 如需要,按 MEAS SOURCE 选择MEASURE模式。

(2) 按 TC RTD 两次选择RTD类型显示屏幕。

(3) 按▲或▼选择所希望的RTD类型。

(4) 按 ENTER= 。

(5) 按▲或▼选择2—,3—,4—线制连接。

(6) 按显示或如图 1-11 所示，将 RTD 插入输入插孔。如使用 3 线制连接，请在 mAΩ RTD MEAS 下面的插孔和 V MEAS 下面的插孔，如图 1-12 所示，使用提供的跨接线。

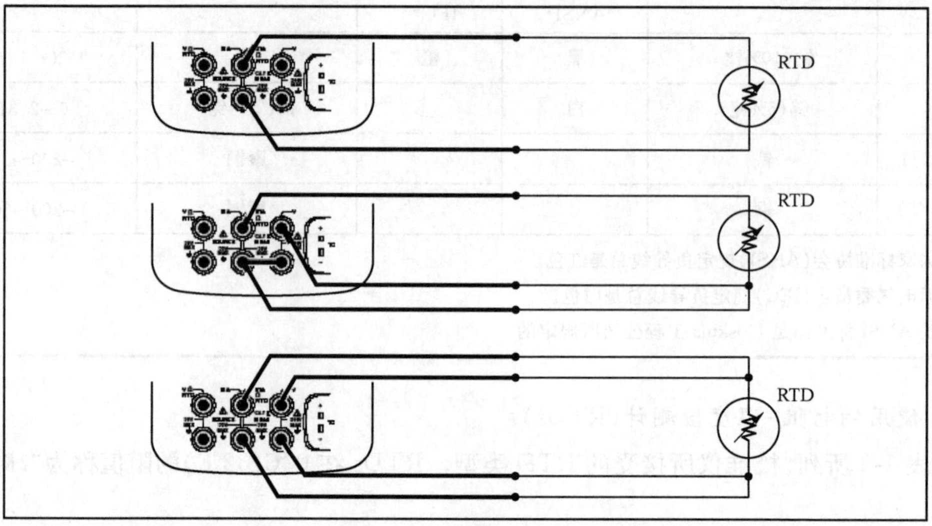

图 1-11 铂电阻测量温度

(7) 按 ENTER=。

警告

切勿将双头"香蕉"插头插入水平方向的任意两孔之间。这样做将损坏插孔。当需要对 RTD 进行测量时请使用提供的跨接线。双头"香蕉"插头只能用于垂直方向的插接，见图 1-12。

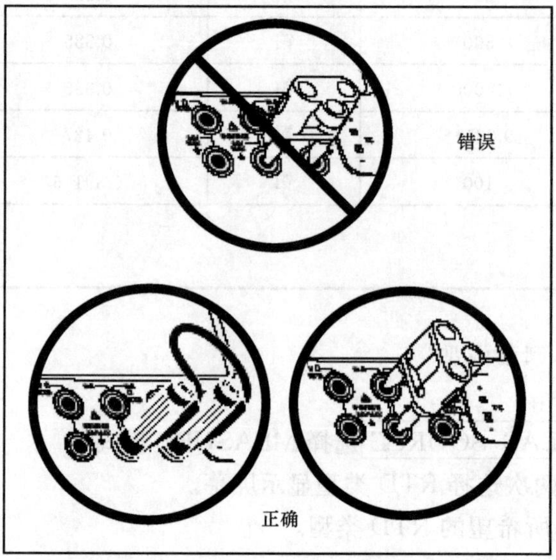

图 1-12 正确使用跨接线

(8) 如需要,可在SETUP方式按下列步骤改变℃或℉温度单位:

① 按SETUP。

② 按 Next Page 功能键两次。

③ 按▲或▼键移动光标选择要改变的参数,然后按ENTER=或 Choices 功能键,设定参数。

④ 按▲或▼移动光标至希望的设定。

⑤ 按ENTER=返回SETUP显示屏幕。

⑥ 按 Done 键或SETUP 退出SETUP 式。

(9) 如需要,可在SETUP方式改变 ITS-90 或 IPTS-68 温度刻度。步骤与上述 a~f 相同。

6. 以刻度比例显示测量值

本功能可以使测量刻度与仪器的某种特殊响应相一致。百分比尺度可以是线性输出的变送器或平方输出的变送器,例如差压变送器显示的流量。

线性输出变送器:

(1) 如需要,按MEAS SOURCE选择 MEASURE 方式。

(2) 按前面所述选择测量功能(mA, V-, V~ 欧姆TC RTD,或压力)。

(3) 按 Scale 功能键。

(4) 从屏幕菜单中选择%刻度。

(5) 使用数字键盘输入 0%对应的值(0%Value)。

(6) 按ENTER=。

(7) 用数字键盘输入 100%对应的值(100%Value)。

(8) 按ENTER=。

(9) 按下 Done 功能键。

(10) 百分比尺度可有效保留到你改变另一个测量功能或者按 Scale 功能键选择其他刻度模式之前。

7. 平方率过程变量

当在尺度中选择$\sqrt{\ }$后,仪器将对输入信号进行开方,再将结果以百分比形式显示出来。例如,当连接至半选输出差压变送器输出时,校准器的读数是和流量成正比的。

(1) 如需要,按MEAS SOURCE选择测量模式。

(2) 按照前面的描述选择一个测量功能(mA, V-, V~欧姆 TC RTD,或压力)。

(3) 按 Scale 功能键。

(4) 从菜单中选择$\sqrt{\ }$ scale。

(5) 使用数字键盘输入 0%对应的值(0%Value)。

(6) 按ENTER=。

(7) 使用数字输入 100%对应的值(100%Value)。

(8) 按ENTER=。

(9) 设置模式至$\sqrt{\ }$。

(10) 按ENTER=。

(11) 按 Done 功能键。

(12) 方根百分比尺度可有效保留到改变另一个测量功能或者按 Scale 功能键选择另外一个刻度模式前。

8. 使用内置计算器

为了解答包含校准仪输出或测量值的数字公式,可使用校准仪的内置计算器。当前的测量和输出值包括单位,都可在单一的按键中插入公式中。在进行计算时,校准仪保持测量和输出功能。

在 SOURCE,MEASURE 或 MEASURE/SOURE 方式下,按 Calc 功能键打开计算功能。你也许需要按 More Choices 来得到 Cale 功能键。

按 Calc 后,显示屏、数字键和有计算功能的键,或为一个代数计算器。

当你想恢复正常的校准功能时,按 Done 键。

9. 存储与恢复

当校准仪处于计算模式下,屏幕上半部显示三个寄存器的名字和它们的内容。

(1) MEASURE(当前测量值)

(2) SOURCE(当前输出值)

(3) REGISTER(供你使用的临时寄存器)

按 ReCall 功能键再按功能键选择希望的寄存器,将其中内容插入进行计算。

按 Store 从计算器显示(下半部)将数据存入寄存器,为以后使用或输出。

10. 利用计算器设置输出值

当你选择存储器至 SOURCE,计算器提示你使用相应的单位(mV,V)然后开始输出该值。对超出量程的数值计算器将忽视。

1.1.12 信号源输出模式

操作方式(如测量、信号输出)以方向影象条形式显示在屏幕上。如校准仪不在 SOURCE(输出)方式。按[MEAS SOURCE]直到出现 SOURCE 为止。若要改变输出参数,必须在 SOURCE 方式下改变。

1. 电气参数信号输出

根据输出功能,如图 1-13 所示连接测试线,在输出功能下。

(1) 按[mA]选择电流,[V–]选择直流电压,[V~Hz л]选择频率,或选择电阻。

(2) 输入希望的输出值,然后按[ENTER=]。例如:要输出 5.0 V 直流电压,按下[V–],⑤,⊙,[ENTER]。

注意

若输出频率,按所显示的提示选择零点对称的正弦波或正方波,你所指定的幅度是峰—峰值。

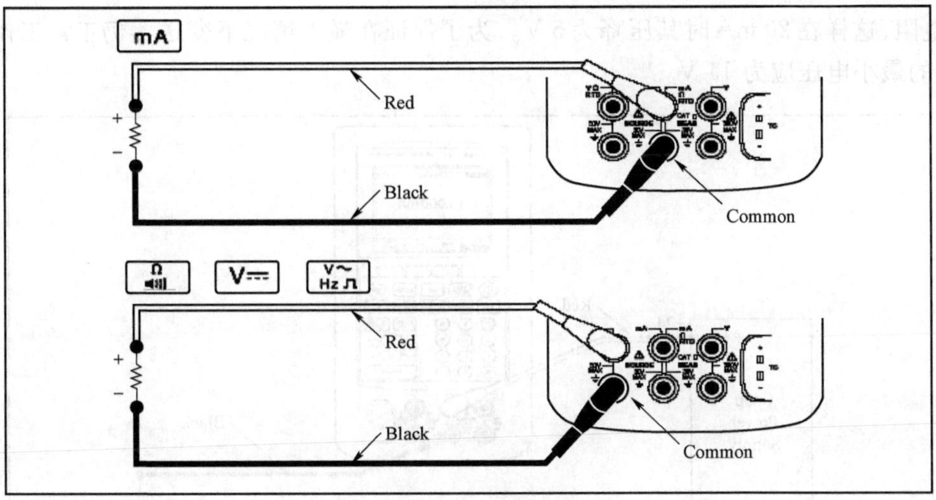

图 1-13 信号输出的连接

(3) 要改变输出值时,直接输入新值,按 ENTER=。

> **注意**
>
> 如果正在发出电流信号,请等待波形符号消失后再使用输出。

(4) 在当前输出功能上若要使输出为 0,请按 CLEAR (ZERO)。

(5) 要完全关闭信号输出,按 CLEAR (ZERO)两次。

> **注意**
>
> 使用电流输出功能可以驱动电流回路。这和校准仪的回路电源功能驱动过程仪表不同。要使仪器产生回路电源,只能从 SETUP 方式下启动回路电源 Loop Power。

2. 模拟 4~20 mA 变送器

可将校准仪通过 SOURCE mA 功能设置电流回路,当在输出功能按下 MEAS/SOURCE,电流输出显示屏幕提示选择 Source mA 或 Simulate Transmitter。当选择 Source mA 时校准的发出电流,而当选择 Simulate Tramsmitter 时,校准仪输出一个可变电阻以供调整所需的电流。如图 1-14 所示,连接外部回路电源,正极(上孔)mA 插孔。

> **注意**
>
> 见"变送器模式",在此模式下,校准仪可被设定以暂时代替两线过程变送器。

3. 提供回路电源

校准仪提供的回路电源为 24 V 或 28 V 通过内部一系列 250 Ω的电阻。28 V 可为除两线制变送器以外回路中两或三个 4~20 mA 装置提供足够电流之用。如果除两线制变送器之外回路中负载两个设备或者再少的可使用 24 V。(每个典型 4~20 mA 回路中的装置具有

250 Ω电阻，这样在20 mA时其压降为5 V。为了保证在最大情况下变送器仍正常工作，典型变送器的最小电压应为11 V。

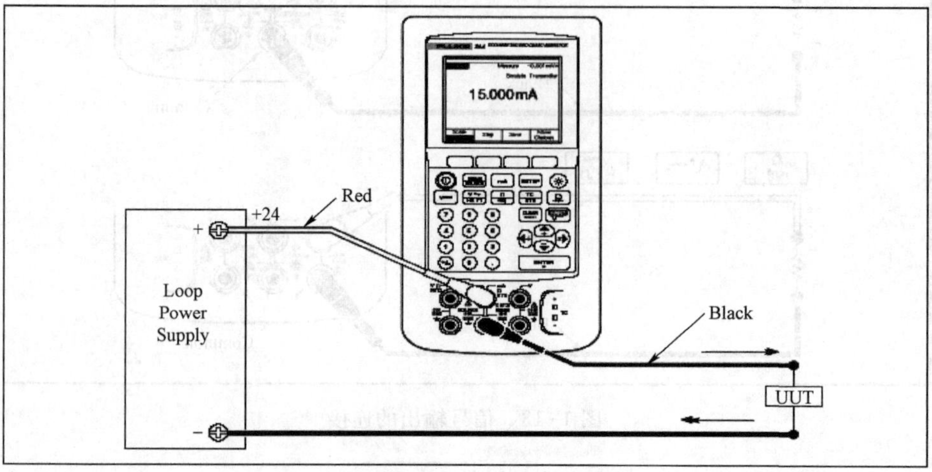

图 1-14 模拟 4～20 mA 变送器的连接

当使用回路电源时，mA（中间一列）插孔是专门发出和测量回路电流的。这意味着输出电流 mA 和测量 RTD 和输出电阻不能同时使用。

按图 1-15 所示，连接校准仪与系列仪表的电流回路，按下列步骤进行可产生回路电源。

(1) 按 SETUP 选择设置模式。

(2) 注意，随后出现的 Loop Power（回路电源），Disabled（禁止）被显亮，按 ENTER=。

(3) 使用▲或▼方向键选择 Enabled 24 V 或 Enabled 28。

(4) 按 ENTER=。

(5) 按 Done 功能键。

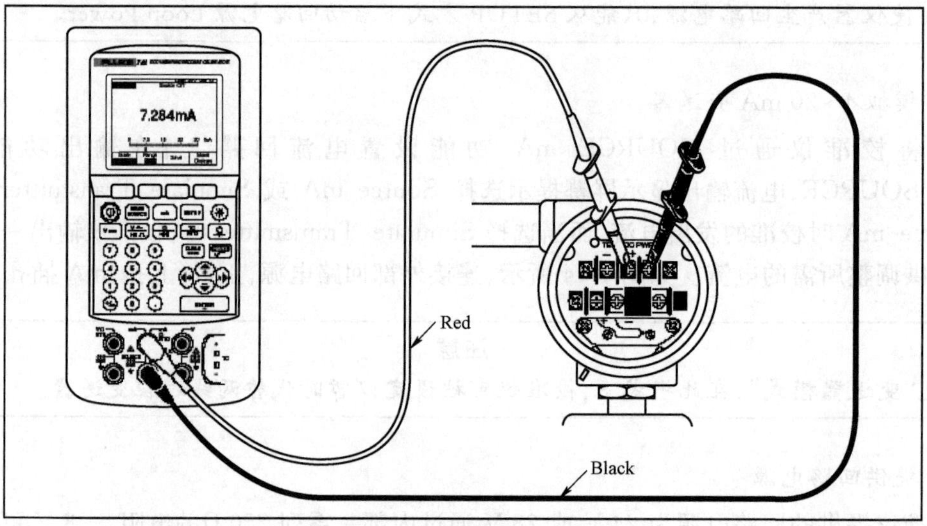

图 1-15 提供回路电源的连接

4. 模拟压力输出

校准仪仅提供压力显示功能,而实际功能则需使用手动式压力泵来提供。使用这一功能校准仪表需要有压力源或差压信号。见图 1-16。

很多压力模块的量程范围和类型在 FLUKE 都是可用的。在使用压力模块前请阅读使用说明。

若使用压力显示屏幕,见图 1-16,并按下列步骤进行:

警告

为避免带压系统压力猛烈释放,请关闭阀门并慢慢排放压力后再将压力模块与压力管线相连接。

注意

为避免机械性地损坏压力模块,压力模块接口之间和模块本体与接口之间的扭矩必须小于 10 ft-lb。压力模块接口和连接接口或适配器之间的扭矩总应施加相适当的扭力。

为了避免压力过大而损坏模块,请不要超过说明上的最大压力等级。

为避免由于腐蚀而损坏压力模块,请使用特殊材质的压力模块。参见压力模块使用说明表,压力模块可适应的媒质。

(1) 按图 1-16 所示的连接压力模块和压力源及校准仪。压力模块的螺纹接口为 1/4NPT,如需要,可使用 1/4NPT-1/4ISO 适配器。

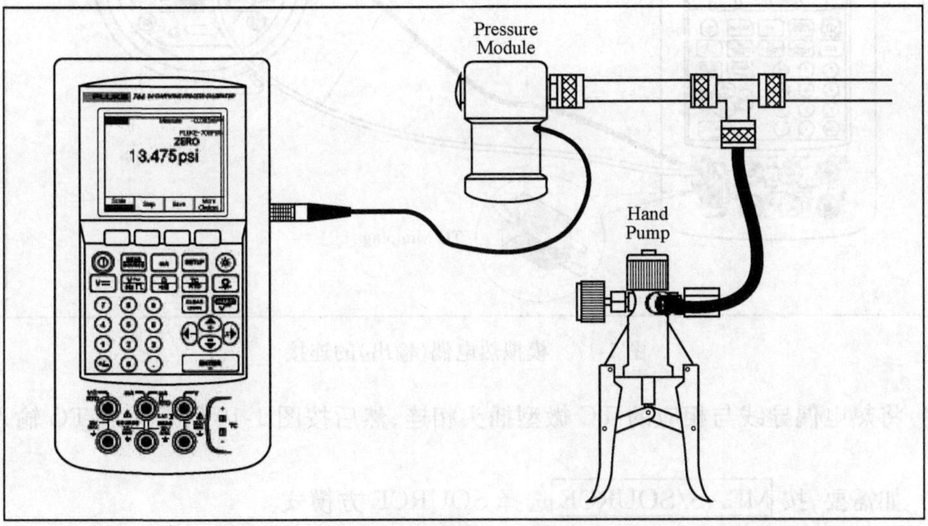

图 1-16　压力输出的连接

(2) 如需要,按 MEAS/SOURCE 进入 SOURCE 模式。

(3) 按下压力键,校准仪自动感受所接的压力模块并设定相应的量程。

(4) 按模块使用说明中描述的那样,把模块设置到零。不同类型的压力模块其设置零的程序是不同的,在开始测量或输出压力之前,必须进行这一步骤。

(5) 用压力源给测压管线加压至所期望的值，如显示屏幕所示。

(6) 如需要，按下列步骤可改变压力显示单位。Psi，mHg，inHg，mH2o，inH2o@60℉，ftH2O，bar，g/cm2 或 Pa，公制单位(kPa，mmHg 等)在基本单位(Pa，mHg 等)的设置方式中显示。按如下步骤改变压力显示单位：

① 按 SETUP。

② 按 Next Page 功能键两次。

③ 按 ENTER= 将光标移至 Pressure Units。

④ 用▲或▼键选择压力单位。

⑤ 按 ENTER=。

⑥ 按 Done 功能键。

5．模拟热电偶输出

将带有热电偶导线的被测仪表与相应的热电偶微型连接器相连插入校准仪 TC 插孔(扁平带极性的热电偶插头，中心距 7.9 mm(0.312 in))，一头比另一头略宽。极性不对时，勿用力按微型插头。见图 1-17。按下列步骤模拟热电偶：

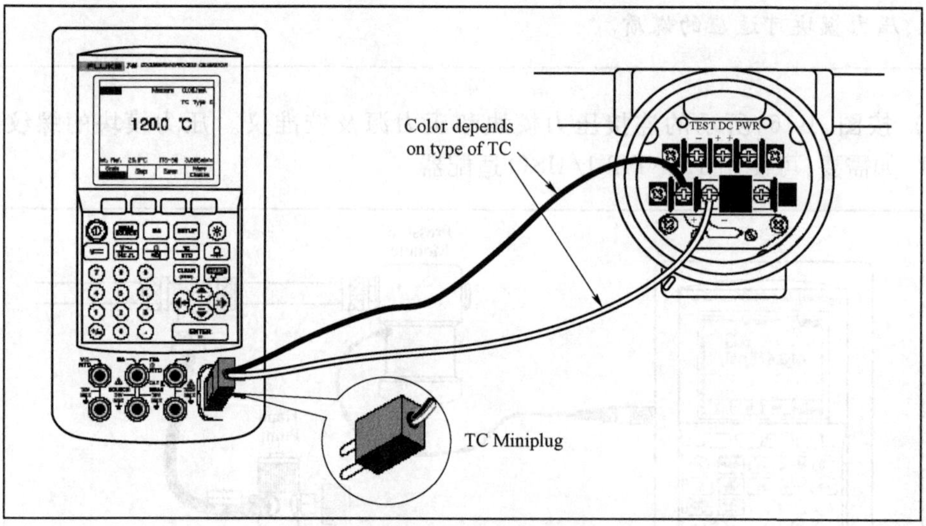

图 1-17　模拟热电偶(输出)的连接

(1) 将热电偶导线与相应的 TC 微型插头相连，然后按图 1-10 所示插入 TC 输入/输出插孔。

(2) 如需要，按 MEAS/SOURCE 选择 SOURCE 方模式。

(3) 按 TC RTD 进入提示显示屏幕，进入热电偶类型。

(4) 按▲或▼键选择所希望的热电偶类型接着按 ENTER=。

(5) 按▲或▼选择 Linear T(缺省值)或 Linear mV(校准对 mV 输入作出线性反应的温度变送器)接着按 ENTER=。

(6) 输入所要的模拟温度(由显示屏幕显示)并按 ENTER=。

> **注意**
>
> 如果使用铜导线而不是热电偶导线，参考端不在校准仪内。参考端被移到仪表(变送器、指示器、调节器等)输入端。必须精确测出这一外部参考温度，并将它输入校准仪。按SETUP并设定Ref.Junc.Compensat和Ref.Junc.Temp。参考端补偿温度在输入了外部参考温度后，校准仪才修正所有的毫伏值来补偿这一新的参考端温度。

6. 模拟RTDs输出

按图 1-18 所示，连接校准仪与被测仪表，图中显示了两线、三线或者四线变送器的连接方式。对于三线或者四线的变送器，使用 4 in(1 in=25.4 mm)长的跨接线连接三或者四线source V RTD插孔。

按下列步骤模拟RTD(热电阻温度检测计)：

(1) 如需要，按 MEAS/SOURCE 选择SOURCE模式。

(2) 按TC RTD直到选择RTD类型显示屏幕出现。

(3) 按▲或▼键选择所希望的RTD类型接着按 ENTER=。

(4) 输入所需的模拟温度(由显示屏幕显示)并按 ENTER=。

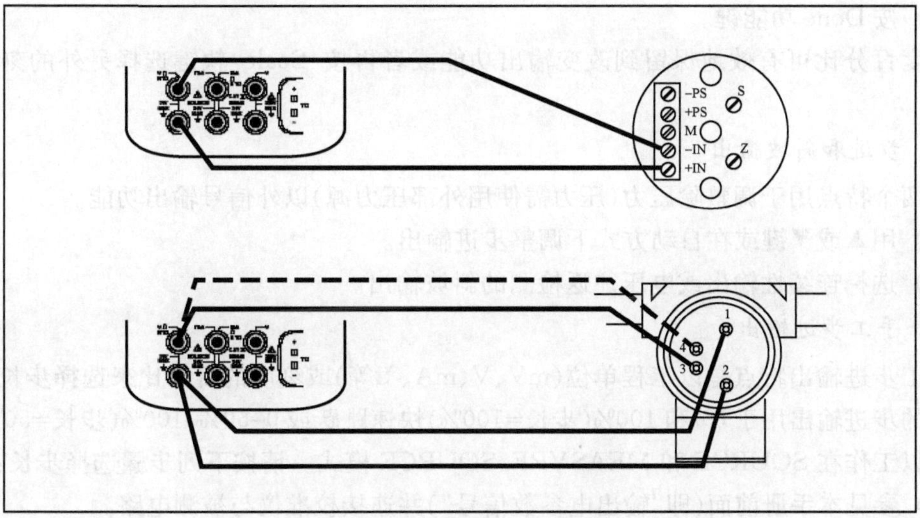

图 1-18　模拟(RTD)的连接

7. 按百分比刻度输出信号

这一功能可根据特殊过程仪表反应的要求，按百分比输出。百分比刻度用于线性或平方率反应的变送器。

8. 线性反应变送器

(1) 如需要，按 MEAS/SOURCE 选择SOURCE模。

(2) 按先前要求选择信号源功能(mA，V—，V～，欧，TC/RTD，或者压力)并输入值。

(3) 按Scale功能键。

(4) 从菜单中选择%。

(5) 用数字键盘输入0%对应的刻度值。

（6）按ENTER=。

（7）用数字键盘输入100%对应的刻度值。

（8）按Done功能键。

刻度百分比可有效地保留到改变输出功能或者再按 Scale 软键选择另外的刻度模式之前。

9. 平方根反应变送器

当在尺度设定下选择根号，校准仪的输出值是输入的百分值、平方，并转变为工程单位。

（1）如需要，按MEAS/SOURCE选择SOURCE模式。

（2）按先前要求选择信号源功能（mA，V—，V～，欧，TC/RTD，或者压力）。

（3）按Scale功能键。

（4）从菜单中选择根号。

（5）用数字键盘输入0%对应的刻度值。

（6）按ENTER=。

（7）用数字键盘输入100%对应的刻度值。

（8）按ENTER=。

（9）按Done功能键。

刻度百分比可有效地保留到改变输出功能或者再按 Scale 软键选择另外的刻度模式之前。

10. 步进和斜坡输出

这两个特点用于调整除压力（压力需使用外部压力源）以外信号输出功能。

（1）用▲或▼键或在自动方式下调整步进输出。

（2）选择连续性输出或电压往返检测的斜坡输出。

11. 手工步进输出

手工步进输出特点是以工程单位（mV、V、mA、℃等）或刻度的百分比来选择步长。刻度百分比的步进输出用于0%和100%（步长=100%）快速跳跃或0–50%–100%（步长=50%）步进输出可以工作在SOURCE和MEASVRE/SOURCE模式。请按下列步骤选择步长：

（1）参见本手册前面（即“输出电参数信号”）并连接校准仪与被测电路。

（2）如需要，按MEAS/SOURCE选择SOURCE模式。

（3）设定所希望的输出值。

（4）如若设定百分比步长，应按前面所述在“刻度百分比信号”进行刻度值百分比的设定。

（5）按Step功能键。

（6）以屏幕显示的单位，用数字键盘输入步长。

（7）按Done功能键。

（8）现在你可以通过▲或▼键调整步进输出。

12. 自动步进输出

为使校准仪进行连续自动步进输出，一次或多次，过程如下：

(1) 参见本手册前面(即“输出电参数信号”)并连接校准仪与被测电路。

(2) 如需要,按 MEAS/SOURCE 选择 SOURCE 模式。

(3) 设定所需要的输出值。

(4) 如若设定百分比步长,应按前面所述在“刻度百分比信号”进行刻度值百分比的设定。

(5) 按 Step 功能键:

(6) 按 Auto Stup 功能键。

(7) 在显示提示下,选择下列参数值。

① 开始点(单位或者刻度百分比)。

② 完毕点。

③ 步数。

④ 每步时间。

⑤ 一次或多次反复。

⑥ 如果连续,选择平滑方式。

⑦ 延迟开始。

(8) 按 Start Step 功能键,开始自动步进,功能键表示变为 Stop Step。

(9) 按 Stop Step 功能键,停止自动步进。

(10) 按 Done 功能键,恢复正常操作。

13. 斜坡输出

斜坡输出就是对输出信号值上升或者下降进行扫描输出。使用斜坡特性可以检查极限开关或报警,或任何时候平缓增加或降低输出。可以工程单位(mV、V、mA、℃ 等)或以%尺度的斜坡上升或下降。

在斜坡期间,输出每秒可调整 4 次。步长由所选择终点和斜坡时间确定。例如:设定 1 mV～1 V 的斜坡 10 s,那么输出步长大约为 25 mV。

斜坡输出一直持续到极限为止,或一直到所选往返条件的交会点。往返检测是按如下方式工作的。斜坡期间,校准仪对 1 V 直流电压变化或连续状态变化(Open 或 Short)变化进行检查,其时间间隔为 1/4 s。

按下列步骤进行斜坡选择(即信号扫描)。

(1) 参见本手册前面(即“输出电参数信号”),按图 1-19 所示连接校准仪与被测电路。

(2) 如想要自动停止往返条件检测的斜坡,请连接电压往返电路至 V MEAS 插孔或连续性往返电路至 mA、Ω、RTD、MEAS 插孔,(当校准仪用来输出电流信号时不可用连续性检测)。

(3) 如需要,按 MEAS/SOURCE 选择 SOURCE 方式。

(4) 按先前所述设定所希望的信号值。

(5) 如想要百分比斜坡输出,按先前所述在“刻度百分比信号”设定百分比刻度。

(6) 按 More Choices 功能键。

(7) 按 Ramp 功能键,显示屏幕变化如图 1-19、图 1-20 所示:

SOURCE RAMP

Enter Start Value

Start Value ????????mA

End Value ????????mA

Ramp Time ?????seconds

Trip Detect Disableda

Trip Function V DC

Abort			Done

图 1-19 按 Ramp 功能键

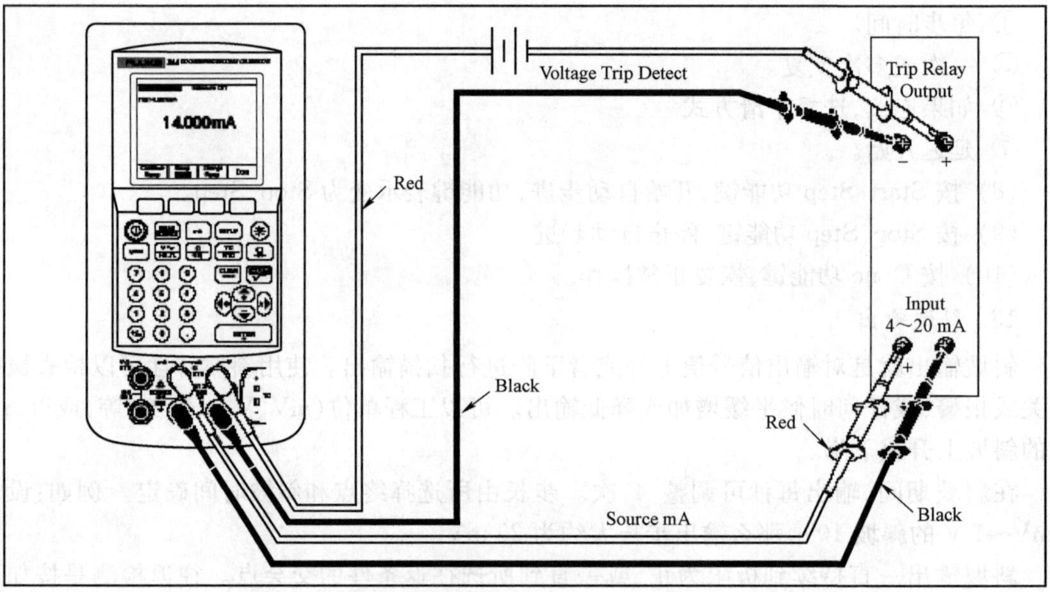

图 1-20 检测继电器输出的往返报警

(8) 按需要填入参数，输入 Start Value(初值)，=End Value(终值)和 Ramp time(斜坡时间)。

(9) 如想要自动停止往返条件检测的斜坡，设定 Trip Detect(往返检测)至 Enabled(允许)，并选择 Voltage 或 Continuity 作为往返功能。

(10) 按 Done 功能键，注意 RAMP 指示在显示屏幕上部靠着 SOURCE 状条。

(11) 用 Ramp Up/Down 功能键，选择低→高或高→低斜坡。

(12) 按 Start Ramp 功能键，启动斜坡。

(13) 斜坡输出一直持续到往返检测(如允许)结束，斜坡时间走完，或按 Stop Ramp 功能键。

1.1.13 HART 功能操作

简介

HART 仪器由三个不同的部分组成(见图 1-21)。正确的 HART 校准可能涉及传感器调节(Sensor Trim)及输出调节(Output Trim)之一或者二者都涉及。不使用校准器而调节量程值(Range Value)(LRV 和 URV)并不是校准。而忽略输入部分来进行输出调节也不是正确的校准。如果 PV 和 PVAO 没有用于过程控制,对于在 4～20 mA 模拟模式下工作的仪器来说,使用一台校准器来调节量程值可能是一种实际的校准替代方法。

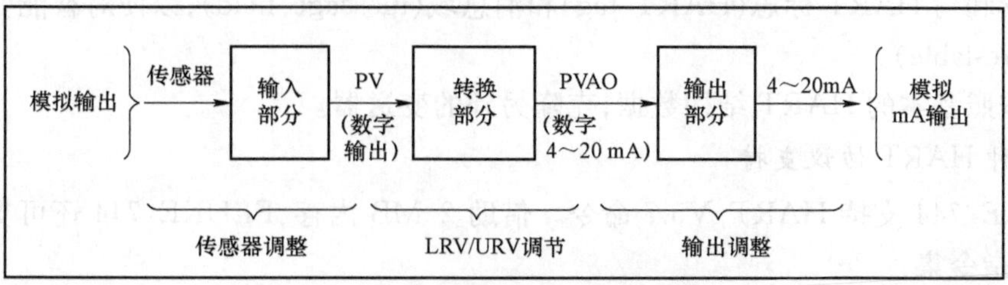

图 1-21 HART 仪器组成

1. 新的工具使校准工作做得更快

当前,仪器维护的工作已经走出了实验室,而进到现场。这样就可以减少生产过程的中断,避免了把仪器送回车间所需要的时间和费用。便携式的通信装置(Portable Communicator)和校准器常常仪器使用,以完成现场校准的工作。然而,人们希望携带更少的设备在现场进行维护工作的愿望产生了对新型校准工具的需求。

2. 不需要通信装置

FLUKE 744 不需要另外的仪器或通信装置就能每天进行 HART 校准和维护工作。它能支持很多常见型号的 HART 变送器,比任何其他 HART 现场校准器具有更多的设备专用的特殊命令支持(见图 1-22)。

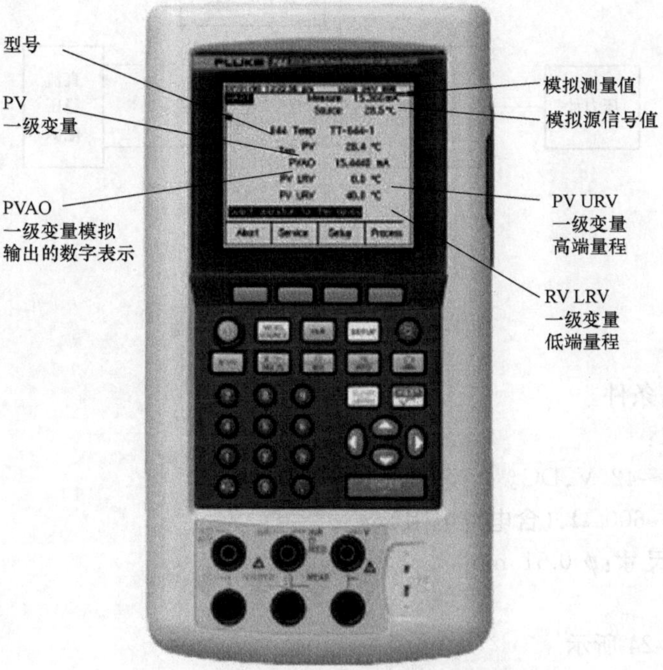

图 1-22 FLUKE 744 信息显示

(1) 询问 HART 设备以确定其类型、制造厂家、型号、标识 ID、PV 和 PVAO。

(2) 对选定的设备进行自动的 HART 传感器调节和输出调节。

(3) 调节量程(ranging)、阻尼(damping)和其他的基本过程结构设置值(basic process-configuration setting)。

(4) 读和写 HART 标志(HART tag)和消息域(message field),以便对智能变送器重新设定标志(re-lable)。

(5) 按照基本的 HART 结构数据,克隆另外的变送器。

3. 多种 HART 协议支持

FLUKE 744 支持 HART V5.7 命令。借助 2 MB 内存,FLUKE 744 还可支持相当多的 HART 指令集:

(1) 基本命令(Universal commands)—提供那些所有现场器件都支持的功能,如读取厂家和型号信息,读一级变量 PV(primaryvariable)。读电流输出和满量程的百分比。

(2) 一般命令(Common practice commands)—提供大多数现场器件都支持的功能,如读多变量(Multiple variables),设置时间(Damping time),或进行环路测试;

(3) 设备专用命令(Device-specific commands)—提供某个特殊现场器件才具有的功能。例如传感器调整(Sensor Trim);

4. 操作菜单树简介

(1) 接线。

采用 HART 智能终端可在控制室,现场及回路的任一点处与变送器通信。连接点与电源之间必须具有一个至少 250 Ω的电阻与变送器并联(见图 1-23)。

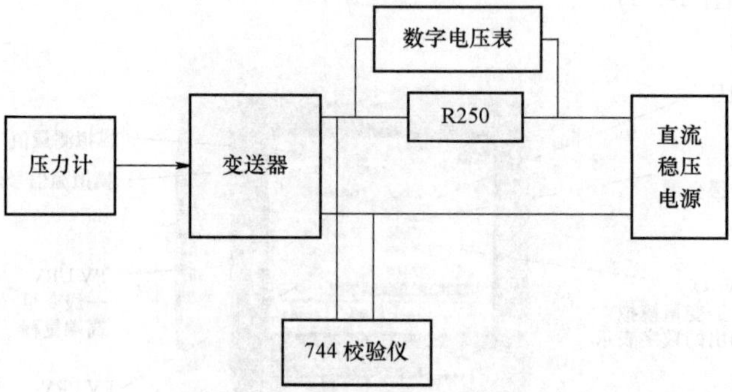

图 1-23 HART 回路通信连接

(2) 在线通信条件。

通信回路要求:

1) 电压:16.4～42 V,DC。

2) 电阻:250～600 Ω,(含电缆电阻)。

3) 电缆最小尺寸:ϕ 0.51 mm。

(3) 菜单树。

菜单树如图 1-24 所示。

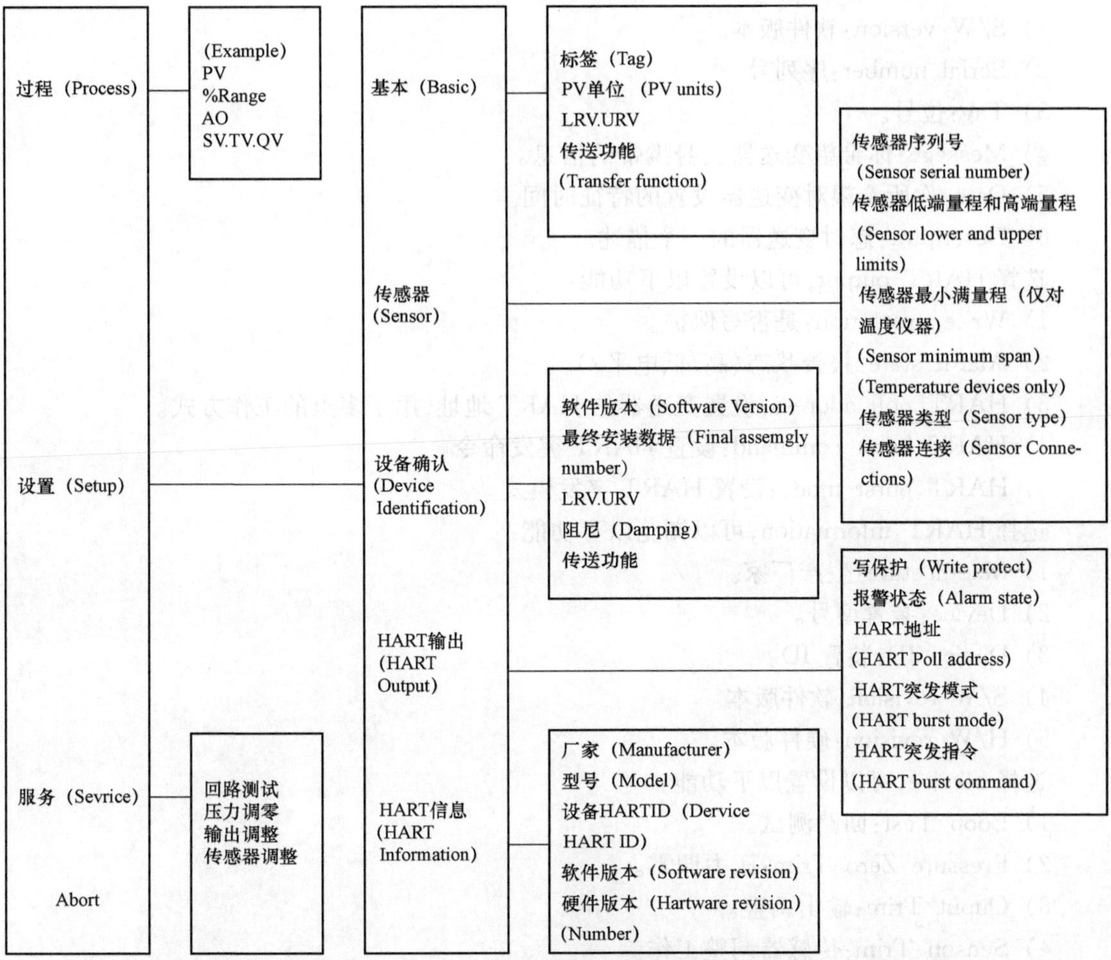

图 1-24　HART 菜单树

选择 BASIC,可以通过 744 设置以下功能:(显示信息可能因变送器的不同而不同)

1）TAG:位号。

2）PV UNIT:主变量单位。

3）Lower Range Value:量程下限值。

4）Upper Range Value:量程上限值。

5）Damping:阻尼时间。

6）Transfer Function:转换模式。

选择 Sensor,可以设置以下功能:

1）Sensor Serial Number:了解变送器序列号。

2）Sensor Lower and Upper Limits:读取变送器的低端和高端量程极限值。

3）Sensor Minimum Span:了解变送器的最小量程。

4）Sensor Type:设置变送器模式,设置 744 为 K 型热偶工作模式。

5）Sensor Connection:选择变送器的连接方式(2、3 线或 4 线)。

选择 Device Identification,可以设置以下功能:

1）S/W version：软件版本。
2）Serial number：序列号。
3）Tag：位号。
4）Message：你希望变送器随身携带的信息。
5）Date：你所希望对变送器设置的特征时间。
6）Descriptor：您对变送器的一个描述。
选择 HART output，可以设置以下功能：
1）Write protection：是否写保护。
2）Alarm state：报警状态（高/低电平？）。
3）HART poll address：设置变送器的 HART 地址，用于多点的工作方式。
4）HART burst command：设置 HART 突发命令。
5）HART burst mode：设置 HART 突发模式。
选择 HART information，可以浏览以下功能：
1）Manufacture：生产厂家。
2）Device：装置型号。
3）Device ID：装置 ID。
4）S/W revision：软件版本。
5）H/W revision：硬件版本。
选择 service，可以设置以下功能：
1）Loop Test：回路测试。
2）Pressure Zero Trim：压力调零。
3）Ouput Trim：输出调整。
4）Senson Trim：传感器调整工作。

5. 变送器校验

（1）测量/输出同时工作模式。

使用 MEASURE/SOURCE 方式校准过程仪表，按 MEAS SOURCE 以便得到分离的显示屏幕(见图 1-25)

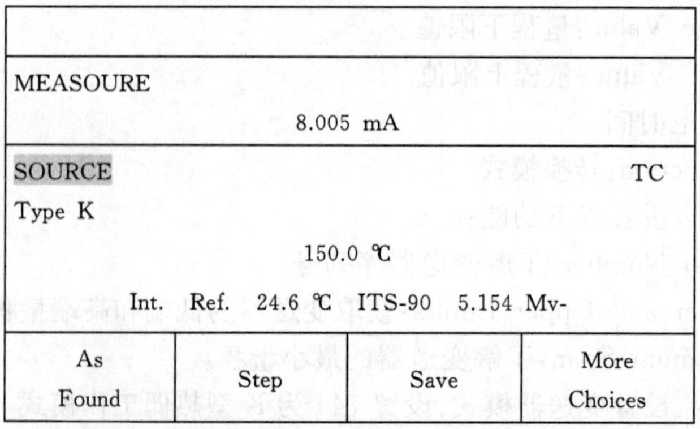

图 1-25 分离的显示屏幕

表 1-4 所列为不带回路电源的功能。表 1-5 所列为带回路电源的功能。

在 MEASURE/SOURCE 方式可以使用步进或者自动步进特性调整输出,也可以使用提供的或当按 AS Found 功能键时校准程序。

下面两个在 MEASURE/SOURCE 模式中显示的功能键用于校准过程仪表。

1) As Found,使设置常规校准程序以获得并记录调整前的数据。

2) Auto Step,使设置自动步进,如前面所描述。

表 1-4 不带回路电源的同步测量/输出功能

测量功能	输出功能						
	dc/V	mA	频率	Ω	TC	RTD	压力
dc/V	•	•	•	•	•	•	•
mA	•		•	•	•	•	•
ac/V	•	•	•	•	•	•	•
频率(≥20 Hz)	•	•	•	•	•	•	•
低频率(<20 Hz)							
Ω	•		•	•	•	•	•
连续性	•		•	•	•	•	•
TC	•	•	•	•	•	•	•
RTD	•		•	•	•	•	•
3 线 RTD	•		•	•	•	•	•
4 线 RTD	•		•	•	•	•	•
压力	•	•	•	•	•	•	•

表 1-5 带回路电源的同步测量/输出功能

测量功能	输出功能						
	dc/V	mA	频率	Ω	TC	RTD	压力
dc/V	•		•	•	•	•	•
MA	•		•	•	•	•	•
Ac/V	•		•	•	•	•	•
频率(≥20 Hz)	•		•	•	•	•	•
TC	•		•	•		•	•
压力	•		•	•	•	•	

(2) 校准智能温度变送器。

当校准仪处于组合 MEASURE/SOURCE 模式时，按 As Found 功能键，内部校准程序被启动(As Found 数据是变送器校准前的测试结果)。此外还可用软件设置校准程序(见图 1-26)。

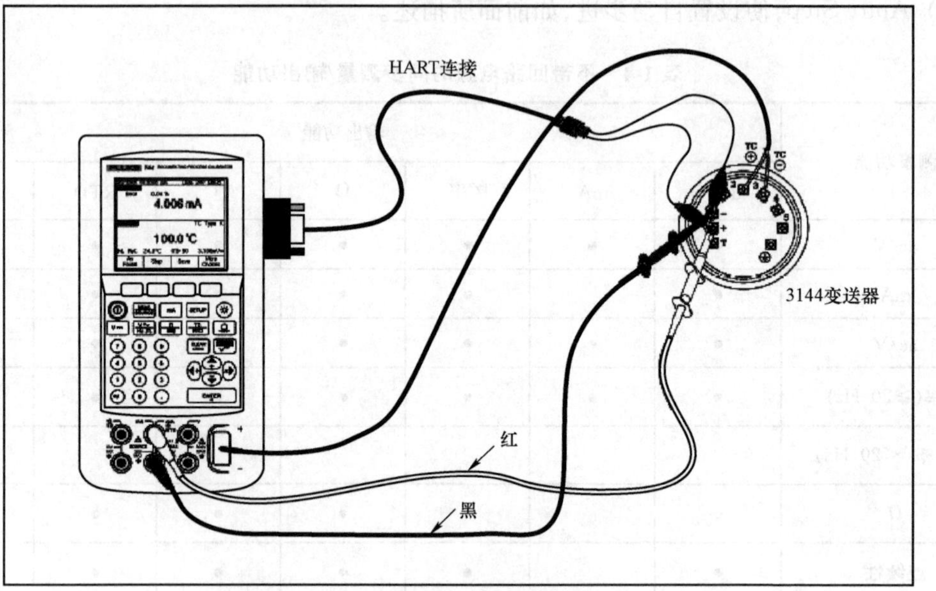

图 1-26 校准智能温度变送器

(3) 产生调整前测试数据(As Found)。

下例说明如何对一台热电偶温度变送器产生 AS Found 数据。所设置的过程方式与 Detta-P，1 Pt 和 2 Pt 的开关测试相同。在本例中，校准仪可模拟热电偶的输出并测量来自变送器的输出电流。其他变送器也使用同样的方法。在按 AS Found 之前，请返回到 MEASUREMENT 和 SOURCE 模式操作改变参数。

1) 按图 1-25 所示，将测试线连至被测试仪表。同时模拟热电偶和测量相应的输出电流。

2) 如需要，按 MEAS/SOURCE 选择 MEASURE 模式。

3) 按 mA。

4) 按 MEAS/SOURCE 选择 SOURCE 模式。

5) 按 TC RTD。

6) 使用▲或▼键选择热电偶类型，然后按 ENTER=。

7) 输入温度值，例如 100 ℃，然后按 ENTER=。

8) 按 MEAS/SOURCE 选择 MEASURE/SOURCE 模式，显示屏幕变化如图 1-27 所示：

MEASOURE

8.005 mA

SOURCE　　TC

Type K

150.0 ℃

Int. Ref. 24.6 ℃ ITS-90 5.154 Mv-

As Found	Step	Save	More Choices

图 1-27　选择 MEASURE/SOURCE 模式

9）按 AS Found 功能键，显示屏幕变化如图 1-28 所示。

MEASOURE

0%Value	????????mA
100%Value	????????mA
Tolerance	???????%
Delay	??????S

SOURCE　　TC

Type K

0%Value	????????℃
100%Value	????????℃
Test Strategy	3↑

Abort	User Value	Custom Units	Done

图 1-28　按 AS Found 功能键

10）分别输入 4.0 mA(对应 0%)和 20.0 mA(对应 100%)的数值，设定误差为量程的 0.5%(根据需要可设定其他值)。

11）如果过程仪表的稳定时间比校准仪正常稳定时间(大约两秒)要长。那么在每一个新激励水平时，都要输入 Delay 作为延迟时间。

12）用方向键移动光标输入 0%和 100%对应的输出温度值。本例使用 100 ℃和 300 ℃。

13）如果仪表校准过程需要你在每一步手工输入测量值或输出值，按 User Value 功能键启动用户输入值功能。

Custom Units 使你可以定义你自己的单位，诸如“PH”见“设置用户定义的测量单位”。

当你使用用户单位，!符号将在显示值的旁边和结果中出现。

在你已设置自己的用户单位后，按 Done 功能键。

14）Strategy 是对测试点的点数和测试点以刻度百分比形式完成上升和下降进行选择。本例使用 5 点(0%,25%,50%,75%,100%)，仅取上升形式。上升由显示屏幕上升箭头指示。在这一面按 ENTER= 可改变另一种测试方法。并从列表中进行选择，选好一项，然后按 Done 功能键。

15）当你完成选择校准参数时，将出现以下显示屏幕(见图 1-29)：

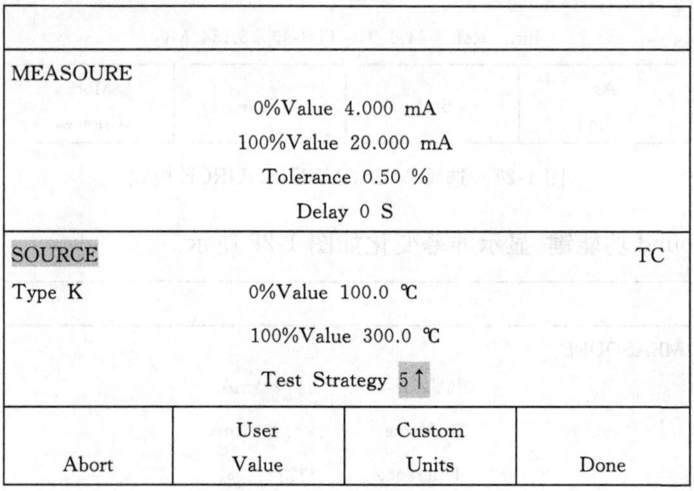

图 1-29 选择校准参数

16）按 Done 功能键接受校准参数，显示屏幕改变如图 1-30 所示。

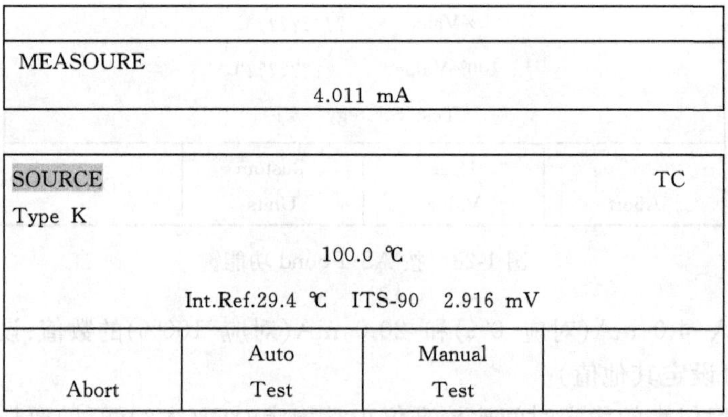

图 1-30 按 Done 功能键

17）至此，你可选择启动自动测试或手动对各个测试点一步一步进行。按 Auto Test 功能键可使校准仪自动地通过全部测试点。(Abort 键为退出校准程序)。测试从零点开始，发出标准的温度(电压)信号并测量变送器相应的电流输出。测量一经结束记录就完成，校准仪转到下一步。因为校准仪会等待被测量信号稳定，所以自动测试最适合对带有内部阻尼的仪表测试。测量值的误差将在测量窗口的在上端显示。

18）校准仪移动至其他的设定测点上。对于温度及电参数的校准，这些会自动完成。

如果你做压力信号输出，则校准仪在每一步作暂停以便你调整压力源。当测试完成时，误差汇总表会显示在屏幕上(见图 1-31)。

Source	MEASURE	ERROR%
100.0 ℃	3.904 mA	−0.60
150.0 ℃	7.965 mA	−0.22
200.0 ℃	12.053 mA	0.33
250.0 ℃	16.094 mA	0.59
300.0 ℃	20.175 mA	1.09

Abort	Prev Page	Next Page	Done

图 1-31　误差汇总 1

19）在汇总的结果上超差的部分将被显亮标出。在本例中有三点超差故需调整。这些误差超出了给定的 0.5%误差范围。

20）可以按 Done 功能键保存数据或按 Abort 功能键删掉数据并重新启动。

保留的数据可以通过 Review Memory 功能键调出以备以后检查。你可以用相关软件型将数据下载到 PC 上。

(4) 调整变送器。

按下列步骤对变送器进行校准调整(请参考变送器制造厂说明，找出调整、控制和连接点)。

1）当检查结果表时，按 Done 功能键。

2）按 Adjust 功能键，校准仪输出 0%(此例为 100 ℃)信号并显示出如下菜单：

Go to 100%Go to 0%;

Go to 50%;

AS Left;

Exit Cal。

3）调整变送器输出至 4 mA 然后按 Go to 100%键。

4）调整变送器输出至 20 mA。

5）步骤 4 为量程调整，须返回重复步骤 3 和 4，直到无须调整为止。

6）现在检查变送 50%这一点。如符合要求，调整即告结束，否则，须调整线性并重新开始步骤 3 的调整。

(5) 调整后的测试数据(As Left)

按下列步骤对已调整的热电偶温度变送器产生并记录 As Left(调整后的)数据。

1）按 As Left 功能键记录已调整的数据。

2）按 Auto Test 功能键，开始依次对所有测试点自动测试，或手动方式一步一步测试。

3）当测试完成后，观察误差汇总，屏幕有如图 1-32 所示。

SOURCE	MEASURE	ERROR%
100.0 ℃	3.966 mA	−0.21
150.0 ℃	7.991 mA	−0.05
200.0 ℃	12.029 mA	0.18
250.0 ℃	16.023 mA	0.14
300.0 ℃	19.983 mA	−0.10

Abort	Prev Page	Next Page	Done

图 1-32 误差汇总 2

4）当测量被进行时，测量或输出值旁的星号表示信号不稳定(波折指示)。

5）如果所有测试结果都落在指标要求以内，按 Done 功能键调整后的数据则存入存储器。

(6) 测试说明。

使用计算机和相应的应用软件，校准仪可进行校准程序设置，在执行测试时，将显示提示。当提示显示时，按▲或▼和 ENTER=，选择某一提示并和测试结果一同存储。

校准智能差压变送器：

1）基本连接。

这个例子假定变送器与过程隔离，并且在电气上不连到回路电源(loop power supply)。按照图 1-33 中的电路进行 3051 的基本连接。HART 通信连接的极性正反关系不大。由于 FLUKE 744 经过其 mA 插口已经在 24 V 回路电源中串联了一个电阻器，所以不需要再单独使用 250 Ω电阻器。在此例子中 3051 设置为使用 psi 单位。

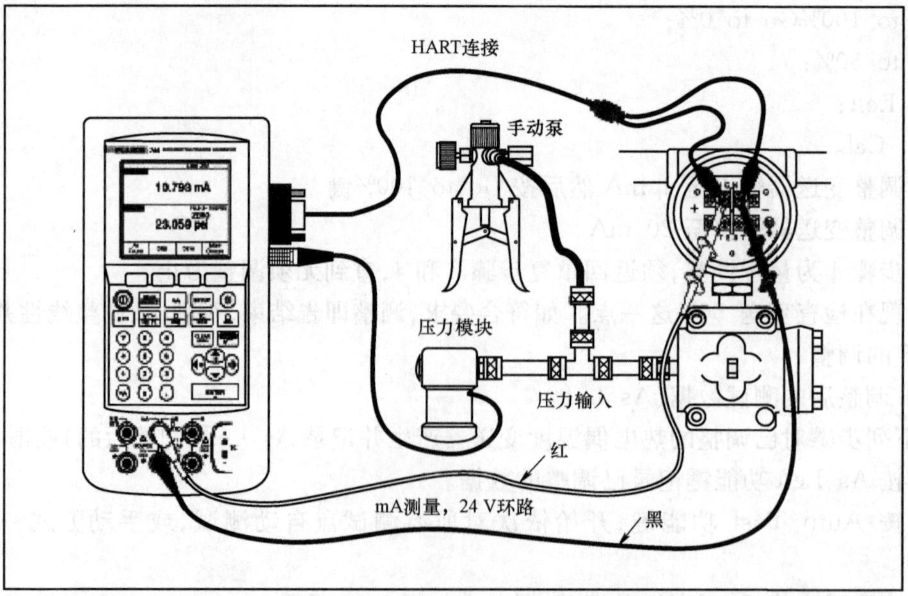

图 1-33 3051 变送器连接

2) 步骤。

① 接通 FLUKE 744 校准器。按红色的键,再按 LOOP POWER 软键,FLUKE 744 将显示 3051 的基本 HART 信息(图 1-34);

② 再按键,仪器将提示选择 FLUKE 744 的设置(图 1-35)。选择 MEAS mA, SOURCEpsi 将设置校准器测量模拟 mA 输出和同时加到变送器输入及压力模块上的压力。选择 MEAS PV,SOURCE psi 将设置 FLUKE 744 评估来自变送器的数字 PV 输出。按进行选择。

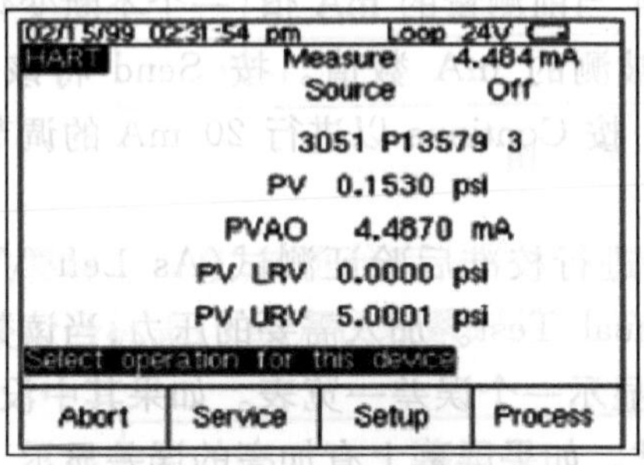

图 1-34 3051 变送器 HART 信息

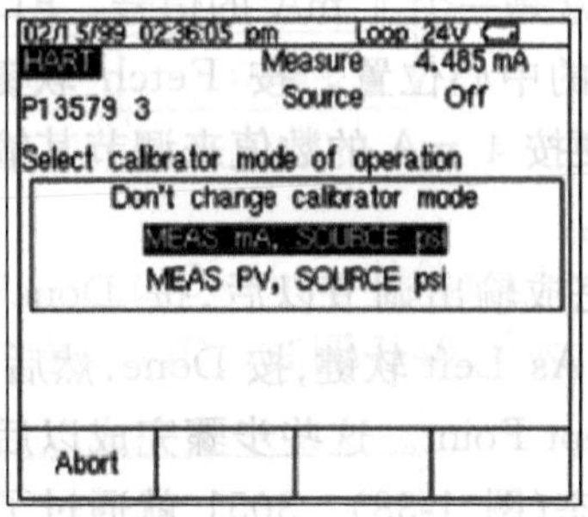

图 1-35 FLUKE 744 设置

③ 打开压力管线(Vent the pressure line),按键,对压力模块进行调零。按 AS FOUND(校前测试)软键,再按键,选择 Instrument 以进行线性变送器校准。(如果 3051 设置为平方根输出,则选择根号 Instrument)。注意,除误差外校准参数设置会自动完成。填入适当的测试误差值,然后按 Done。

④ 按 Manual Test 软键,开始校准。按照 SOURCE 屏幕上的指令施加输入压力。当对每个点加上正确的压力时,按 Accept Point 软键。测试完成以后,显示误差一览表(图 1-36)。超过误差的测试误差用加亮方式显示出来。查看完此一览表以后,按 Done 软键。再按 Done 软键,以接受该结果,或者按键以修改标签(tag)、序列号(serial number)或 ID 域(ID field);

⑤ 如果 AS Found 测试失败(即在误差一览表中有加亮误差显示),则需要进行调节。按 Adjust 软键。选择 Sensor Trim,并按。(不要选择 Pressure Zero Trim,它和在零点调节传感器低点是一样的,这对于不提供传感器调节的压力变送器是有用的)。FLUKE 744 的屏幕看起来应像图 1-37 所示。

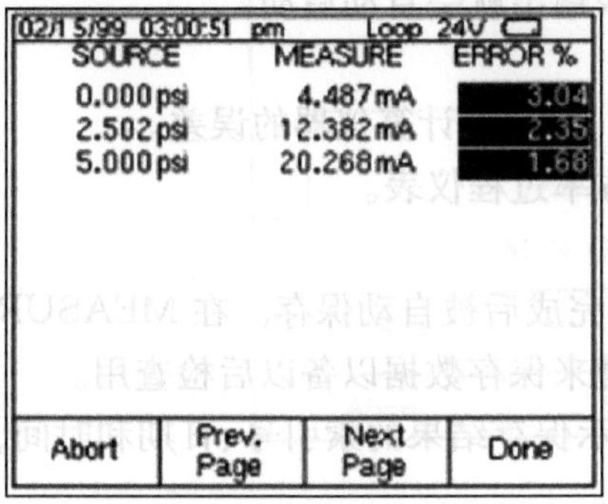

图 1-36 显示误差一览表

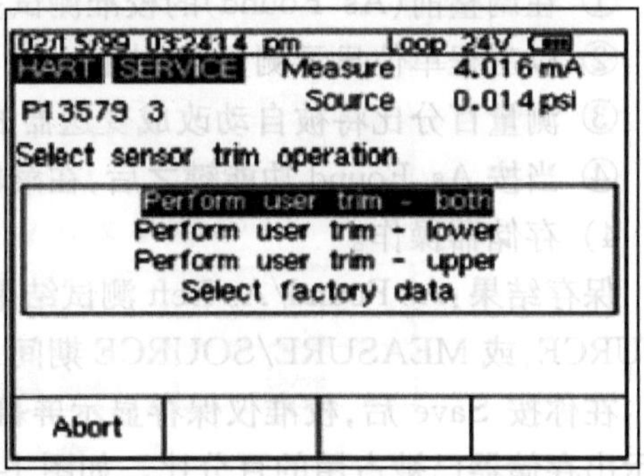

图 1-37 FLUKE 744 显示屏幕

⑩ 注意 LOG 报警器靠 MEASURE，按 Start Logging 功能键启动记录数据。

⑪ 校准仪连续存储数据直到工作时间用完，或直接按 Done 功能键为止。任何终止记录的方法都会使校准仪保存数据并用适当的应用软件将数据送入 PC 机软件。

7）记录最小和最大测量值。

可以设定显示屏幕来记录和显示最大和最小读数。最小和最大读数总是不用稳定读数功能的，即使是在该功能打开时，按 More Choices 功能键两次，然后按 Min Max 功能键打开这一特性。按 CLEAR(ZERO) 功能键使最小最大复位。再按 Min Max 键转到正常显示屏幕。以下显示的屏幕为最小最大值工作时的情况(见图 1-45)。

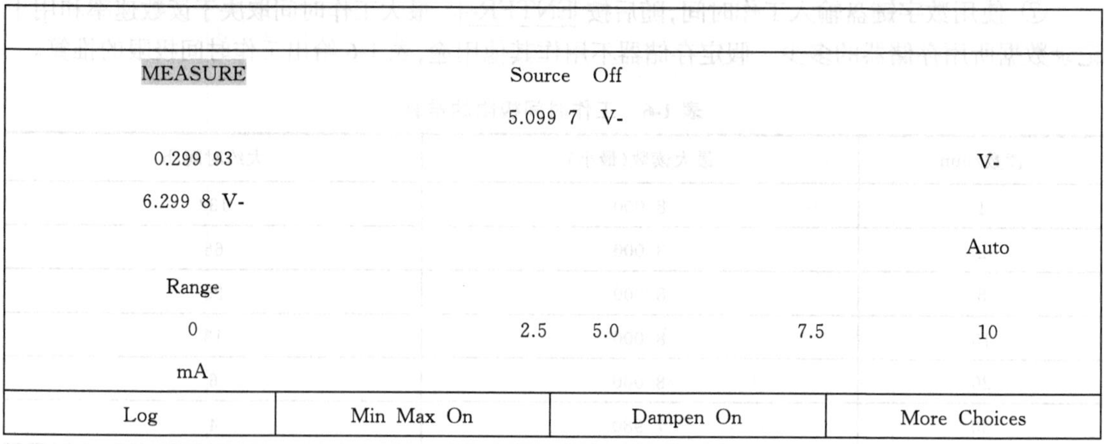

图 1-45 最小最大值工作

8）运行预设置任务。

按 More Choices 功能键直至 Tasks 功能键出现，然后按 Tasks 功能键检察任务列表。该任务列表来自 PC 机。该程序是对校准仪进行预先的设置，例如，特定变送器的类型和制造厂，对变送器校准的校准程序，包括全部预定的校准参数(SOURCE/MEASURE 功能，0%和 100%levers 测试方法)。

当操作任务是控制校准仪时，Continue 功能键变成 Continue Task。

9）清除存储器。

在 Setup 模式下，选择 Clear Memory，并按 ENTER= 清除存储器中的全部内容。

(1) Saved results；

(2) Min Max data；

(3) Log data sets。

一条确认信息出现，以使操作者不因疏忽而误抹存储器。

1.2 模拟体准备

三厂 1#机组 S1-224 模拟体，模拟体处于可用状态。检查模拟体是否有损坏，核实可否正常动作，以确保教学过程的顺利实施。

1.3 辐射防护准备

三厂 1#机组 S1-224 模拟体无辐射风险。

1.4 工业安全准备

按照工业安全规定执行,所有人员穿戴劳动保护用品。具体的工业安全准备需根据现场环境而确定,但基本的工业安全需要准备。所有人员必须佩戴安全帽、防砸鞋、工作服、手套等。检修场地使用警示带进行围栏,确保工作过程中无非工作人员进入。

1.5 配合人员准备

需仪控人员配合教员。

1.6 场地准备

清理场地,确保检修场地无其他异物;合理分配场地,确保工具、设备的合理分布,方便检修;在场地外围布置警示带。

第二章　操作实施

2.1　操作内容：使用回路校验仪 FLUKE 744

2.2　操作步骤（例：工单 6085603）

（1）确认工作对象。
（2）检查确认回路校验仪 FLUKE 744 有效期。
（3）连接回路校验仪 FLUKE 744 与电容式压力变送器校验回路。
（4）设置回路校验仪 FLUKE 744 参数。
（5）对压力变送器进行校验，选择合适功能测量数据，并确认测量数据合格。
（6）拆除回路校验仪 FLUKE 744 与电容式压力变送器回路。
（7）确认工作完成，清理工作现场。

2.3　工前会

工前会议记录表见表 2-1。

表 2-1　工前会议记录表

	日期：	
工作负责人/项目负责人会前需要确认的事项：		
□ 维修工作包完整齐全	□ 工作票证齐全	□ 风险分析全面
□ 安全措施正确完备并已落实到位	□ 隔离边界明确	□ 工具和备品备件齐全
□ 工作组成员精神状态良好	□ 个人防护用品和安全用具齐全	
□ 水、电、气、汽源情况检查，确认试验期间对这些源的使用便利性和安全性		
工作负责人/项目负责人向工作小组成员交代以下事项：		
□ 工作目的、工作对象、工作范围		
□ 对工作组成员进行工作分工，明确工作地点及作业范围		
□ 工作风险分析及预防性措施		
工作负责人/项目负责人与工作小组成员讨论并记录以下事项：		

续表

程序号关键步骤、高风险步骤提示及预防性措施：______
以往同类工作经验反馈介绍：______
其他事项：______
声明：本人已参加此次工前会并已清楚工前会记录单中的内容及要求，并保证在工作实施过程中严格遵守和执行。 工作组全体成员签字/日期：

说明：

(1) 工作负责人负责组织并主持召开工前会并完成文件的记录工作。

(2) 开工前填写完成此表格，未完成或现场无此文件不准开工。

(3) 工作组全体成员在了解记录单全部内容，并同意工前会声明后签字。

(4) 记录单中的项目方框涉及到的就打“√”，没有涉及到的内容就打“×”。

(5) 讨论记录事项空间不足可在背面记录，没有涉及到的请填写“无”。

2.4　实际操作

实际操作见表 2-2。

表 2-2　实际操作

序号	操作步骤	操作要求	工器具	测评标准	备注
1	确认工作对象	根据标定单确认设备		自检/互检确认	
2	检查确认标准仪器	(1) 检查标准仪器的有效期； (2) 检查标准压力源的气密性； (3) 确认标准仪器的供电充足	仪用工具包	(1) 确认标准仪器的功能正常、在有效期内； (2) 确认标准压力源无泄漏； (3) 确认标准仪器的供电充足	
3	连接回路校验仪 FLUKE 744 与电容式压力变送器校验回路	(1) 连接压力回路； (2) 连接电气回路	仪用工具包、标准仪器	(1) 确认变送器压力腔室已清洁； (2) 确认压力回路连接正确，无泄漏； (3) 确认电气回路连接正确	
4	设置回路校验仪 FLUKE 744 参数	(1) 设置回路校验仪 FLUKE 744，按压力/电流测量的过程进行； (2) 设置回路校验仪 FLUKE 744，给变送器供电	仪用工具包、标准仪器	(1) 正确完成回路校验仪 FLUKE 744 设置； (2) 测试回路校验仪 FLUKE 744 输出、测量功能正常； (3) 确认变送器输出电流正常	

续表

序号	操作步骤	操作要求	工器具	测评标准	备注
5	对电容式压力变送器进行校验	按标定单对电容式压力进行标定	仪用工具包、标准仪器	(1) 按标定单要求对压力变送器进行标定; (2) 校验操作正确,标定结果合格; (3) 仪表/工具使用正确	
6	拆除回路校验仪FLUKE 744与电容式压力变送器校验回路	(1) 拆除压力回路; (2) 拆除电气回路	仪用工具包	(1) 卸压、拆除压力回路; (2) 断电,拆除电气回路	
7	确认工作完成,清理工作现场	工完料净		模拟实施	

2.5 关键点

在进行使用回路校验仪对电容式压力变送器(工作间)校验过程中,为了保证工作顺利进行,必须注意如下的关键点:

(1) 选择合适的回路校验仪功能。

(2) 确认电气回路的连接正确。

(3) 确认压力回路的连接正确。

(4) 使用回路校验仪对压力变送器进行供电时选择合适的电压等级。

第三章 故障检查和处理

常见故障现象、判断方法、原因分析和故障排除方法见表 3-1。

表 3-1 常见故障现象、判断方法、原因分析和故障排除方法

序号	故障现象	判断方法	故障原因分析	故障排除方法
1	变送器无输出电流	(1) 检查回路校验仪供电功能是否正常； (2) 检查回路校验仪测量回路	(1) 供电功能未提供； (2) 回路校验仪测量回路连接错误	(1) 正确连接供电电压； (2) 正确连接测量回路
2	压力显示异常	检查压力回路及设备的气密性	未选择回路校验仪压力模块功能或连接头/变送器有漏	正确选择回路校验仪功能，紧固压力回路漏点
3	回路校验仪无显示	检查回路校验仪 MEAS / SOURCE 功能设置	回路校验仪 MEAS/SOURCE 功能选择错误	SOURCE 功能选择压力模块功能，MEAS 功能选择 mA 功能

第四章 操作结束

4.1 工后会

工后会是对整个工作过程的回顾以及必要的经验反馈(见表 4-1)。

表 4-1 工后总结记录表

<table>
<tr><td colspan="2">工作内容</td><td colspan="6"></td></tr>
<tr><td colspan="2">工单流水号</td><td></td><td>设备编码</td><td colspan="2"></td><td>工作负责人</td><td></td></tr>
<tr><td colspan="2">计划完工时间</td><td colspan="2"></td><td colspan="3">实际完工时间</td><td></td></tr>
<tr><td>序号</td><td colspan="2">检查项目</td><td colspan="4">检查结果</td><td>异常情况记录</td></tr>
<tr><td colspan="8">第 1 部分、工作回顾</td></tr>
<tr><td>1</td><td colspan="2">工作许可证已归还</td><td>是</td><td>□</td><td>否</td><td>□</td><td></td></tr>
<tr><td>2</td><td colspan="2">检修现场清理完成</td><td>是</td><td>□</td><td>否</td><td>□</td><td></td></tr>
<tr><td>3</td><td colspan="2">设备标牌清晰无损伤</td><td>是</td><td>□</td><td>否</td><td>□</td><td></td></tr>
<tr><td>4</td><td colspan="2">检修任务达到预期结果</td><td>是</td><td>□</td><td>否</td><td>□</td><td></td></tr>
<tr><td>5</td><td colspan="2">试验设备和工器具归还完成</td><td>是</td><td>□</td><td>否</td><td>□</td><td></td></tr>
<tr><td colspan="8">第 2 部分、经验反馈</td></tr>
<tr><td>6</td><td colspan="2">工期安排是否合理</td><td>是</td><td>□</td><td>否</td><td>□</td><td></td></tr>
<tr><td>7</td><td colspan="2">工作人员配置充足</td><td>是</td><td>□</td><td>否</td><td>□</td><td></td></tr>
<tr><td>8</td><td colspan="2">工作文件准备充分</td><td>是</td><td>□</td><td>否</td><td>□</td><td></td></tr>
<tr><td>9</td><td colspan="2">工作人员的检修技能满足要求</td><td>是</td><td>□</td><td>否</td><td>□</td><td></td></tr>
<tr><td>10</td><td colspan="2">规程、图纸是否有升版需求</td><td>是</td><td>□</td><td>否</td><td>□</td><td></td></tr>
<tr><td>11</td><td colspan="2">库存备件是否需要补充</td><td>是</td><td>□</td><td>否</td><td>□</td><td></td></tr>
<tr><td>12</td><td colspan="2">更换下来的旧部件是否需要利旧翻新维修</td><td>是</td><td>□</td><td>否</td><td>□</td><td></td></tr>
<tr><td>13</td><td colspan="2">检修过程中出现预期外的现象和报警</td><td>无</td><td>□</td><td>有</td><td>□</td><td></td></tr>
<tr><td>14</td><td colspan="2">提交缺陷单、QDR、状态报告等</td><td>无</td><td>□</td><td>有</td><td>□</td><td></td></tr>
</table>

续表

序号	检查项目	检查结果				异常情况记录
15	编写良好实践、经验反馈	无	□	有	□	
16	工作中需要协调、改进建议等	无	□	有	□	
17	其他事项：					

工作组成员及 QC 人员签名：

说明：

(1) 工后总结由工作负责人组织并做好记录，原件放在文件包中。

(2) 工后总结记录单中每一项都必须打"√"确认，不要遗漏。

(3) 如有异常，请详细填写异常情况说明，以及后续处理方案。

(4) 其他事项根据讨论情况记录，经讨论没有涉及到的请填写"无"。

(5) 工后总结结束后，全体工作人员签字确认。

4.2 评判

学员对校验过程进行阐述，并说明其中的关键点以及注意事项。教员对学员的陈述简要记录，根据阐述评判学员的掌握情况。教员指出学员阐述过程中的错误以及需要注意的事项，并且依据评判表，对学员的学习情况作出整体评判。

第五章　经验反馈

5.1　举例说明

题目 1:三厂维修人员借用标准量具时,发现标准量具已过有效期。

5.2　事件简述

2013-02-18,三厂燃料操作处维修人员借用两把数显卡尺 271TQ0277,编号:1024649、9060836,在使用之前发现这两把卡尺已过有效期。

5.3　原因分析及评价

(1) 本状态报告描述的两把计量器具的管理责任方是维修处,属于维修处资产,但是长期由燃料处借用。目前,燃料操作处对于该类型的计量器具由量具管理员进行了管理,并且按照维修处的标定计划统一进行送检。

(2) 编号为 1024649 的数显卡尺,在燃料操作处 2012 年 3 月份的计量器具月度检查中没有找到,经多方查找后未果。燃料操作处量具管理员将该情况于 2012 年下半年汇报给三厂量具管理员。三厂量具管理员在计量器具管理系统中将工具的状态改为“丢失”;同时维修处工具间也在 TEAM 系统中标识为“换料处,丢失”。不过该丢失的数显卡尺还没有申请报废。

(3) 编号为 9060836 的数显卡尺已于 2012 年 8 月 28 日进行标定,该器具处于有效期内;但是在 TEAM 系统标识为“换料处区,禁用”。

(4) 本状态报告描述的主要问题是燃料操作处计量器具。

(5) 管理信息与维修处工具间的沟通不足所致。

(6) 行动建议:

① 换料维修人员学习本状态报告,明确对于向维修处借用的工器具需尽到信息告知义务。

② 维修处工具间人员学习本状态报告,对于燃料处反馈的工器具 9060836 的数显卡尺信息在 TEAM 系统中修改为有效。

③ 换料维修科将编号为 1024649 的数显卡尺进行报废流程,并将结果反馈至维修处工具间。

第六章　习　题

6.1　填空题(每题3分)

1. FLUKE 744 校验仪可进行(测量)模式、(输出)模式、(测量和同时输出)模式的操作。

2. FLUKE 744 校验仪在(测量)模式下完成电压、电流等电气参数的测量。

3. FLUKE 744 校验仪输出最大直流电压为(15)V。

4. FLUKE 744 校验仪在进行电阻通断测量时当所测环路电阻小于(25)Ω时校验仪会发出警报声,并且显示屏会显示文字(SHORT)。

5. FLUKE 744 校验仪用(SETUP)键调出外供电源菜单。

6.2　选择题(每题3分)

1. FLUKE 744 校验仪开机后默认的测量状态是(A)

A. 测量直流电压　　B. 测量交流电压

C. 测量电阻　　D. 测量电流

2. FLUKE 744 校验仪下列哪种模拟参数不能够提供模拟输出信号(B)

A. 直流电压　　B. 交流电压　　C. 电阻值　　D. MV 值

3. FLUKE 744 校验仪可输出的回路电压为(B)

A. 36 V　　B. 24 V 或 28 V

C. 12 V　　D. 42 V

4. FLUKE 744 校验仪用哪个键进入热电阻测量界面(A)

A. TC RTD 键　　B. HART 键

C. SETUP 键　　D. MEAS SOURCE 键

5. 用 FLUKE 744 校验仪在对现场阀门定位器加设信号校验时需选择下列哪种模拟信号(B)

A. 有源电流信号　　B. 无源电流信号

C. 电压信号　　D. MV 信号

6.3　判断题(每题2分)

1. FLUKE 744 校验仪可给回路外供 15 V 电源。(×)

2. FLUKE 744 校验仪的输出电流和外供电源用同一接口。(√)

3. FLUKE 744 校验仪能输出交流电压信号。(×)

4. FLUKE 744 校验仪支持 HART 通信协议。(√)

5. FLUKE 744 校验仪测量压力时需外接压力测量模块。(√)

6.4 简答题(每题 5 分)

1. 用 FLUKE 744 校验仪选择测量/输出热电偶时,需选择哪个插口?

答:选择 TC 插口。

2. 用 FLUKE 744 校验仪选择测量热电阻时,有哪几种接线方式可选择?

答:三种,两线、三线或四线制连接。

3. FLUKE 744 校验仪可以对那些参数进行测量?(答出五种即可)

答:交/直流电压,电流,压力,电阻,热电偶,热电阻,压力,频率。

6.5 操作题(45 分)

鉴定点:回路校验仪 FLUKE 744(工作间)使用

1. 准备要求:

考场准备:

(1) 试题名称:回路校验仪 FLUKE 744(工作间)使用。

(2) 本题分值:45 分。

(3) 考核时间:30 分钟。

(4) 考核形式:实操。

(5) 设备设施准备:

序号	名称	规格	单位	数量	备注
1	仪用工具包		套	1	
2	回路校验仪 FLUKE 744 及附件		套	1	

考生准备:

无。

2. 考核要求:

(1) 本题分值:45 分。

(2) 考核时间:30 分钟。

(3) 考核形式:实操。

(4) 具体考核要求:掌握使用回路校验仪 FLUKE 744 对压力变送器进行校验。

(5) 否定项说明。

3. 配分与评分标准：

序号	考核内容	考核要点	配分	评分标准	扣分	得分
1	确认工作对象	根据文件确认设备	5	根据文件确认设备，未自检，扣3分；未互检，扣2分		
2	检查确认标准仪器	(1) 确认标准仪器有效期； (2) 检查标准压力源的气密性； (3) 确认标准仪器的供电充足	5	(1) 未确认标准仪器在有效期内，扣2分； (2) 未确认标准压力源无泄漏，扣2分； (3) 未确认标准仪器供电充足，扣1分		
3	连接回路校验仪FLUKE 744与电容式压力变送器校验回路	(1) 连接压力回路； (2) 连接电气回路	10	(1) 未确认压力回路连接正确，无泄漏，扣5分； (2) 未确认电气回路连接正确，扣5分		
4	设置回路校验仪FLUKE 744参数	(1) 设置回路校验仪FLUKE 744，按压力/电流测量的过程进行； (2) 设置回路校验仪FLUKE 744，给变送器供电	10	(1) 回路校验仪FLUKE 744功能选择错误，扣5分； (2) 回路校验仪FLUKE 744供电功能设置错误，扣5分		
5	对电容式压力变送器进行校验	按标定单对电容式压力进行标定	5	(1) 标定单漏点，每点扣1分； (2) 校验操作不正确，扣1分 标定结果不合格，扣3分		
6	拆除回路校验仪FLUKE 744与电容式压力变送器校验回路	(1) 拆除压力回路； (2) 拆除电气回路	10	(1) 未卸压，拆除压力回路不规范，扣5分； (2) 未断电，拆除电气回路不规范，扣5分		
7	确认工作完成，清理工作现场	工完料净	5	未工完料净，扣5分		

否定项：无

总分：

评分人：　　年　　月　　日　　　　　　　　核分人：　　年　　月　　日

第四部分　辐射防护监测系统预防性维护和试验

第一章　操作准备

1.1　原理描述

1.1.1　辐射监测系统

辐射监测系统是利用核辐射在核辐射探测器中引起的电离效应、发光现象、物理或化学变化来测量核辐射的强度、能量、种类等参数的系统。在秦三厂中辐射仪表的种类有很多，最主要的有区域γ监测系统、气态流出物监测、液态流出物监测、固定式污染监测仪、二回路辐射监测系统和氚监测系统等。

1.1.2　辐射监测系统种类与功能

1.1.3　区域γ监测系统(67873)

系统功能

区域γ监测系统是核电厂辐射监测的重要组成部分。主要功能是在线连续监测厂房内可能存在高γ放射性区域的γ放射水平并将测量结果实时传输给控制室，当监测的某一区域γ放射性水平超出预设的报警值时该系统不但会发出声光报警警示该区域内的工作人员还会产生主控室报警引起主控操纵人员的注意。

本系统监测 33 个区域的γ放射性水平。每个区域的监测回路包括：探测器(RE)(见图 1-1)、就地报警单元(RI)(见图 1-2) 数字电子计数率计(RT)(见图 1-3)。各个区域的探测器(RE)和就地报警单元(RI)装设于所监测区域的墙面上。探测器(RE)位于该区域可能存在高伽玛放射性的地方，就地报警单元(RI)位于该区域入口附近，以便于工作人员在进入该区域前检查区域放射性水平。数字电子计数率计(RT)位于空气闸门处 S221 的 67873-PL1478 盘内，方便进入 RB 控制区人员了解要进入区域的伽玛放射性水平及 RB 内各控制区的伽玛放射性水平，以便制定不同的防护措施。

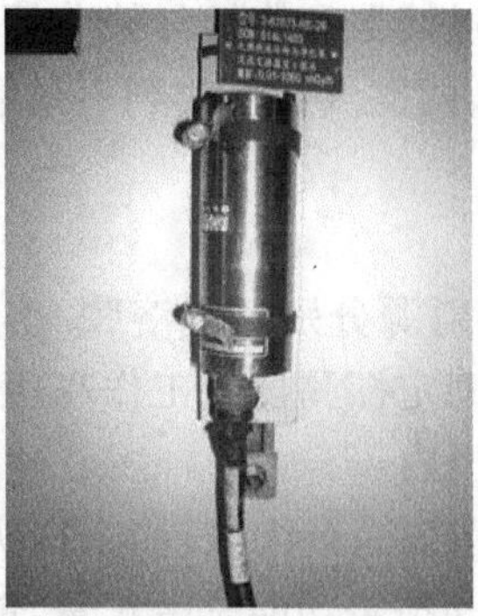
图 1-1　探测器

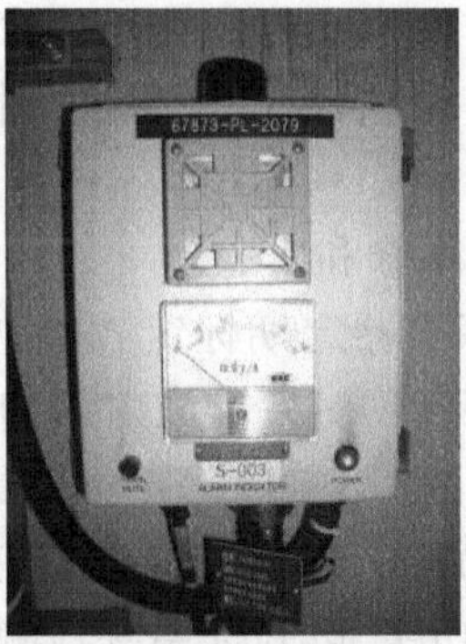
图 1-2　就地报警单元

图 1-3　数字率表

区域γ监测系统主要的预防性维修和实验

为了确保区域γ监测系统性能可靠、测量准确。要定期对区域γ系统进行预防性维修和性能实验，主要内容如下：

区域γ系统探测器标定：将探测器置于标准源场中，通过对已知活度的放射源进行测量并计算出探测器的响应效率。

区域γ系统探测器功能检查：通过使用探测器内自带的检查源计数和降低报警设定值的办法对区域γ系统进行在线的检查和校验，以证明其监测、控制和报警功能正常，满足特定区域高γ放射性监测的要求。

1.1.4　气态流出物监测系统(67883)

系统功能

气体流出物监测系统又叫废气监测系统(67883)，主要监测的是反应堆厂房的废气排出管道(烟囱)放射性气体的单位体积放射性活度。如果监测到放射性超标，将会以报警的方式通知主控操作人员。该系统由一套喷嘴，一套取样管线和监测仪组成。监测仪分为两部分：气溶胶、碘、惰性气体监测设备(图 1-4)和 C-14 取样设备(图 1-5)。系统的大致流程为：

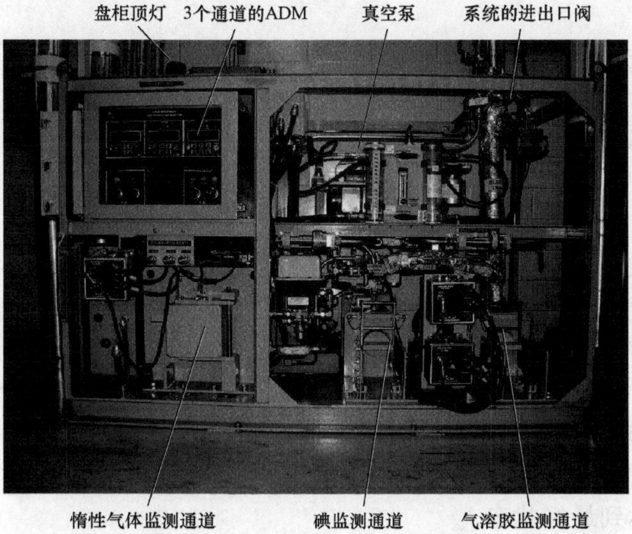

图 1-4　气溶胶、碘、惰性气体监测设备

图 1-5　碳 14 取样系统

一部分样品空气依次经过位于设备内的固定式粒子过滤器,碘过滤器和惰性气体分析容器,另一部分的样品空气进入到 C−14 分析仪,完成取样分析之后,两路气体汇集到一条管线排放到烟囱中。

气态流出物监测系统的预防性维修和实验。

气溶胶、碘、惰性气体三通道探测器定期标定:利用标准放射源分别对气溶胶、碘、惰性气体三套探测器进行刻度。根据探测器对标准放射源的响应,确定探测器的工作高压、放大增益、能量分辨率、本底水平和相关的β、γ响应都在可接受的范围内。

气溶胶、碘、惰性气体三通道功能定期检查:启动检查源功能,检查读数;检查探头高压是否正常;测试 TEST1 和 TEST2 功能,以验证系统检测、显示和报警功能是否正常,能否满足使用要求。

1.1.5　液态流出物监测系统(67882)

液态流出物监测系统功能:液态流出物监测系统又叫废液监测系统(67882)是全厂辐射监测的重要组成部分,用以监测全厂废液排放时的放射性。本系统从废液管理系统(79210)的排水口引出取样流,在线监测该取样流的总放射性活度,如果取样流中的放射性浓度超过允许值,就将自动关闭 7921-PV54 以停止废液的排放。废液监测系统的主要设备位于S-026 房间(见图 1-6)。其中就地控制盘包括"PUMP CONTROL""ADM-606""SAMPLE CONTROL"三部分。

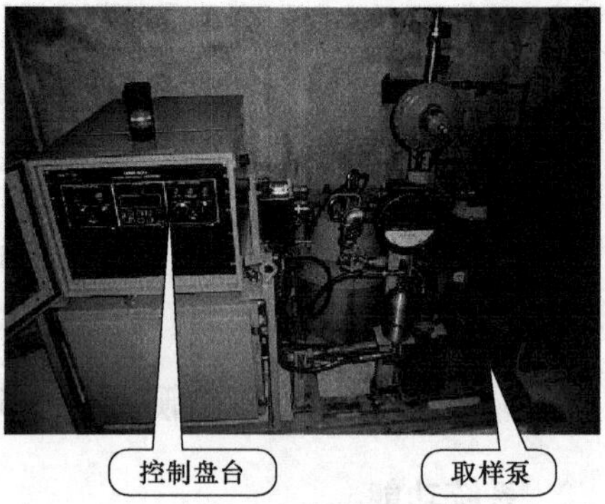

图 1-6　废液监测系统

液态流出物监测系统的预防性维修和试验。

探测器标定:根据探测器对标准放射源的响应来确定探测器的工作高压、放大增益;测试β、γ相对响应;测量β、γ线性;检查探头重复性和稳定性。确保系统量值与国家标准保持一致。

盘柜检查内容主要包括:检查并清洗 Y 形过滤器。解体压力调节阀(67882-PRV1/RV2);清洗压力调节阀;重新调节压力调节阀输出压力。探测回路功能检查:启动检查源功能,检查读数;检查探头高压是否正常;测试 TEST1 和 TEST2 功能。

1.1.6　固定式污染监测

系统功能:固定式污染监测系统主要包括手脚沾污仪、全身沾污仪(C1 门,C2 门)、小物品监测仪等。固定式污染监测仪主要用于辐射防护二区和三区边界人员污染控制,监测进出三区的工作人员的手臂、鞋子、衣服以及随身工作等是否受到了β和γ污染,防止污染扩散。

固定式污染监测系统的预防性维修和实验:1 手脚沾污仪、全身沾污仪(C1 门,C2 门)、小物品监测仪的功能监测和探测器校验。根据探测器对标准放射源的响应来调整探测器的工作高压使每个探测器的工作状态都达到最好状态。

1.1.7　反应堆厂房氚监测系统

系统功能:氚监测系统(67878) 主要监测全厂可能存在氚辐射危害区域内空气中氚的浓度。系统通过抽取反应堆厂房的 19 个区域和辅助厂房的 5 个区域内的空气,在线分析空气中的氚浓度。系统的大体流程如图 1-7 所示。

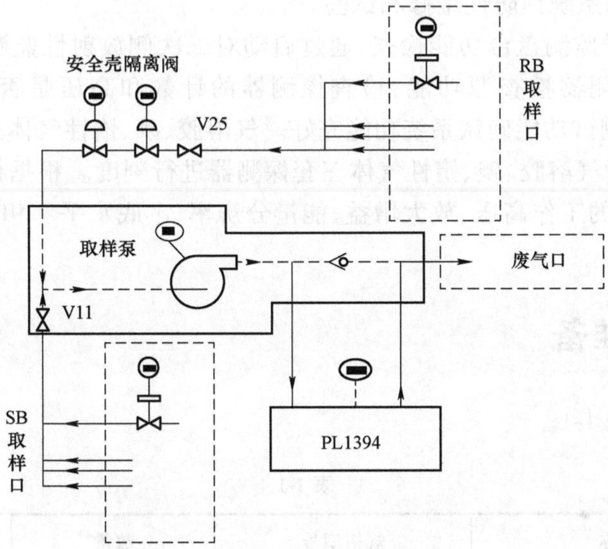

图 1-7　系统的大体流程图

本系统主要包括就地采样部分和固定监测部分。真空泵提供采样循环动力,就地的电磁阀控制各个区域的采样。固定式监测仪包括干燥单元、加湿单元和监测单元。

固定式监测仪的工作原理如下:采样空气中含有氚和其它惰性气体均为β放射源,而其中氚大多是以水汽的形式存在。采集的空气样品首先进入"湿"回路,检测空气中氚和惰性气体的总放射性活度;然后空气样品通过过滤器、干燥器进行干燥,除去空气中的水分(氚);再对干燥后样品进行放射性检测,得到空气中惰性气体的放射性活度。两次探测之差便是样品中氚浓度。监测单元可以显示被监测的各个区域的氚放射性活度,以提醒工作人员采取相应的防护措施,从而减少现场工作人员的氚放射性受照剂量。

氚监测系统的预防性维修和试验。

盘柜过滤器和干燥器检查:定期更换取样管线过滤器避免由于取样气内杂质堵塞过滤器引起取样流量下降。干燥器是为了吸附取样气体中的水汽,工作一段时间后干燥器内的干燥滤芯会达到饱和无法再吸收水汽,所以也要定期更换。加湿器水箱补水。当样品器露点过低时,要用水蒸汽对样品器进行加湿。所以要定期给加湿器水箱补充除盐水,以保证加湿器可以正常工作。电离室读数检查。用标准氚气源充入监测电离室内,检查电离室探测器对标准氚气源的响应是否正确,仪验证系统的探测功能正常。空气中氚监测系统管道真空泄漏率试验。由于氚监测系统取样管线众多,所以为了避免取样管线出现泄漏而导致样品气被干扰,所以定期要对取样管线进行真空泄漏率检查。

1.1.8 二次侧辐射监测系统

系统功能：二次侧辐射监测系统(67884) 对机组的二次侧气体进行在线分析，监测空气中气溶胶、碘、惰性气体的放射性水平。正常工况下，系统抽取汽机厂房空气进行监测；在事故工况下，系统会自动切换，对凝汽器抽真空系统的排气进行监测。

二次侧辐射监测系统预防性维修和试验。

二次侧空气取样监测盘台功能检查：通过启动对二次侧放射性监测系统气溶胶、碘、惰性气体三个通道探测器检查源功能，检查探测器的计数和高压是否在正常范围。通过TEST1 和 TEST2 测试功能确认系统功能完好。气溶胶、碘、惰性气体三套探测器标定。利用标准放射源分别对气溶胶、碘、惰性气体三套探测器进行刻度。根据探测器对标准放射源的响应，确定探测器的工作高压、放大增益、能量分辨率、本底水平和相关的β、γ响应都在可接受的范围内。

1.2 工器具准备

工器具准备见表 1-1。

表 1-1

序号	名称	规格型号	数量	备注
1	Cs-137 放射源	15*10 cm^2 的面源	1	LRS-MA-053-S
2	计算机标准键盘	N/A	1	N/A
3	专用机柜钥匙	N/A	1	N/A

1.3 模拟体准备

三厂防人因实验室，手脚沾污仪处于可用状态。检查手脚沾污仪是否有损坏，核实可否正常动作，以确保教学过程的顺利实施。

1.4 辐射防护准备

三厂防人因实验室无辐射风险，但教学时会用到放射源。在拿取和使用放射源是应该戴防护手套。

1.5 工业安全准备

按照工业安全规定执行，所有人员穿戴劳动保护用品。具体的工业安全准备需根据现场环境而确定，但基本的工业安全需要准备。所有人员必须佩戴安全帽、防砸鞋、工作服、手套等。检修场地使用警示带进行围栏，确保工作过程中无非工作人员进入。

1.6　配合人员准备

需仪控人员配合教员。

1.7　场地准备

清理场地，确保检修场地无其他异物；合理分配场地，确保工具、设备的合理分布，方便检修；在场地外围布置警示带。

第二章　操作实施

2.1　操作实施 1　APTEC 公司 C7/PC 型手脚沾污仪功能检查与标定

2.2　操作步骤(工单)

(1) 确认工作对象；
(2) 检查标准放射源编号是否正确；
(3) 手脚沾污仪参数设置；
(4) 手脚沾污仪功能检查；
(5) 手脚沾污仪探测器标定；
(6) 手脚沾污仪监测功能检查；
(7) 确认工作完成,清理工作现场。

2.3　维修工前会议记录表

维修工前会议记录表见表 2-1。

表 2-1　维修工前会议记录表

<table>
<tr><td colspan="3">工作内容：</td><td>工单号：</td></tr>
<tr><td>电厂：</td><td>机组：</td><td>系统：</td><td>工作地点：</td></tr>
<tr><td colspan="2">设备编码：</td><td colspan="2">工作负责人/项目负责人：</td></tr>
<tr><td colspan="4">一、工作负责人/项目负责人会前需要确认的事项：</td></tr>
<tr><td colspan="4">□ 维修工作包完整齐全　□ 工具和备品备件齐全　□ 风险分析全面
□ 安全措施正确完备并已落实到位　□ 隔离边界明确　□ 工作票证齐全
□ 工作组成员精神状态良好　□ 个人防护用品和安全用具齐全
□ 水、电、气、汽源情况检查,确认工作期间对这些源的使用便利性和安全性</td></tr>
<tr><td colspan="4">二、工作负责人/项目负责人向工作组成员交代以下事项：</td></tr>
<tr><td colspan="4">□ 工作目的、工作对象、工作范围、工作地点
□ 工作组成员分工
□ 工作风险分析及预防性措施</td></tr>
</table>

续表

三、工作负责人/项目负责人与工作组成员讨论并记录以下事项：
程序号关键步骤、高风险步骤提示及预防性措施：
以往同类工作经验反馈：
其它事项：
声明： 本人已参加此次工前会，已清楚工前会的内容及要求，并保证在工作实施过程中严格遵守和执行。 工作组成员签名/日期：

2.4 实际操作

实际操作见表 2-2。

表 2-2 实际操作表

序号	操作步骤	操作要求	工器具	测评标准	备注
1	确认工作对象	根据标定单确认设备		自检/互检确认	
2	检查标准放射源编号是否正确	(1) 检查标准放射源编号和检定日期。 (2) 检查标准放射源的检定活度	标准放射源	(1) 确认标准放射源编号和检定日期； (2) 确认标准放射源的检定活度	
3	手脚沾污仪参数设置	(1) 连接键盘。 (2) 按 ESC 键返回主界面，再按 F3、F1 键，选择“COMMON VALUES MENU”。 (3) 确认活度单位“Activity Units” 为“Bq”。 (4) 连续按 ESC 键返回主菜单，按 F3 再按 F2 键，选择“WAIT TIMEOUTS”菜单，确认“CALIBRATION COLLECTION TIME”为 10 s。 (5) 按 ESC 键返回主菜单，再按两次 F3，选择探头参数设置菜单“SETUP DETECTORS MENU”。		(1) 确认活度单位“Activity Units”为“Bq”； (2) 确认“CALIBRATION COLLECTION TIME”为 10 s；	

续表

序号	操作步骤	操作要求	工器具	测评标准	备注
3	手脚沾污仪参数设置	(6) 按 F1 选择探头公用信息设置 DETECTORS COMMON BETA VALUES。 (7)用上下方向键选中标定源“CALIBRATION SOURCE”一栏,确认标定源为 2#^{137}Cs 放射源,否则用左右方向键进行修改。 (8) 按 F12,将上述所有公用信息拷贝给所有的探头。 (9) 按 ESC,再按 F3 进入单个探头设置菜单“individual detectors”,确认每个探头所用的标定源为 2#^{137}Cs 放射源	键盘	(3) 确认标定源为 2#^{137}Cs 放射源; (4) 确认每个探头所用的标定源为 2#^{137}Cs 放射源	
4	手脚沾污仪功能检查	(1) 连续按 ESC 键,进入主菜单,按 F2,选择“TEST MENU”。 (2) 按 F2 键,选择高压显示“HVPS METER”,检查所有探头的高压,要求其误差%diff<4%。 (3) 按 ESC 键返回“TEST MENU”,再按 F1 进入计数率菜单“RATERMETER”。 (4) 通过左右方向键调节计数率平均时间为 10 s,检查 FRISKER 探头计数率在 3~6 CPS 范围内,其他探头本底计数率在 6~15 CPS 范围内(现场环境本底偏高情况除外)。如本底计数率正常,则转到 15 步,否则执行以下步骤。 (5) 如果某个探头本底计数率偏低或偏高,则按 ESC 键返回“TEST MENU”,再按 F3 键进入计数器测试菜单。 (6) 按 F1 键启动计数器测试。 说明:按 F1 启动测试,按 F3 停止测试。 (7) 检查计数器误差栏“COUNTER ERROR”不大于 1,确认计数器电路功能正常。 (8) 按 ESC 键返回“TEST MENU”,再按 F4 键进入放大器脉冲测试菜单。 (9) 按 F1 键启动放大器脉冲测试。 说明:按 F1 启动测试,按 F3 停止测试。 (10) 检查计数器误差栏 “COUNTER ERROR”不大于 1,确认放大器电路功能正常。 (11) 如果计数器和放大器电路功能正常,则按 Esc 键返回“TEST MENU”,再按 F9 进入坪曲线测试菜单“PLATEAU PLOT”。	标准放射源、键盘	(1) 确认所有探头的高压,要求其误差%diff<4%; (2) 工作高压选择在坪区的 1/3~1/2 区域内	

续表

序号	操作步骤	操作要求	工器具	测评标准	备注
4	手脚沾污仪功能检查	(12) 将放射源靠近所需检查的探头，按 F1 收集坪曲线，观察坪曲线，若坪特性明显，将工作高压选择在坪区的 1/3～1/2 区域内；若坪曲线特征不明显，需要判断是由探头还是前置放大器引起，并进行更换。更换后再次检查探头坪曲线，并选取合适的工作高压。 (13) 按 Esc 键返回“TEST MENU”，再按 F1 键进入计数率菜单“RATERMETER”。 (14) 通过左右方向键调节计数率平均时间为 10 s，检查 FRISKER 探头计数率在 3～6 CPS 范围内，其他探头本底计数率在 6～15 CPS 范围内(现场环境本底偏高情况除外)。 (15) 按 ESC 键返回“TEST MENU”，再按 F6 键选择“SENSOR BOARD TEST”。 (16) 根据屏幕指示，触发相应的传感器，确认相应传感器响应正常。 (17) 按 ESC 键返回“TEST MENU”菜单，再按 F5 选择探头 LED 测试。 (18) 按 F1 检查所有探头附近的 LED 指示灯亮，再按 F1，确认所有 LED 灯灭。 (19) 按 ESC 键返回“TEST MENU”，再按 F7 选择“TIMER TEST”菜单。 (20) 按 F9 启动 TIMER TEST，检查系统将重新启动，并再次初始化本底，返回系统正常运行			
5	手脚沾污仪探测器标定	(1) 连按 ESC 键返回主菜单，再按 F3、F8，选择 SYSTEM CLOCK，检查时间显示是否正确，如不正确则修改。 (2) 按 Esc 键返回到主界面，并连续按三次 F3 键，选择 “Individual Detectors”，进入单个探头标定菜单。 (3) 按 F2 初始化本底，当本底测量结束，当前本底自动显示在“Current Background Rate”栏。 (4) 当屏幕显示单个探头标定菜单时，检查所选定探头附近的 LED 灯亮，将放射源靠近所选定的探头。 (5) 按 F1 键，对该探头进行标定。 (6) 10 s 标定时间倒计数结束后，标定结果自动显示在屏幕上，检查探头效率>1%。 (7) 用 PGUP 和 PGDN 来切换不同的探头，重复步骤 4～6，对每个探头进行标定	标准放射源、键盘	(1) 确认检查系统时间显示是否正确，如不正确则修改； (2) 确认探头效率>1%	

续表

序号	操作步骤	操作要求	工器具	测评标准	备注
6	手脚沾污仪监测功能检查	(1) 将放射源远离设备,当屏幕显示 APTEC 图标或者 READY 时,进入监测,检查屏幕显示测量结果为“CLEAN”,并且声音提示“干净”。 (2) 将放射源靠近任一个探头,再次进入监测,检查屏幕显示监测结果为“CONTAMINATED”,屏幕显示所有探头的示意图,有污染的探头以红色显示,屏幕右上角显示被污染部分探头的净计数值。同时声音提示“有污染”,并且该探头旁边的 LED 灯亮	标准放射源、键盘	确认放射源靠近任一个探头,再次进入监测,检查屏幕显示监测结果为“CONTAMINATED”,屏幕显示所有探头的示意图,有污染的探头以红色显示,屏幕右上角显示被污染部分探头的净计数值。同时声音提示“有污染”,并且该探头旁边的 LED 灯亮	
7	确认工作完成,清理工作现场	工完料净		模拟实施	

2.5 关键点

在进行手脚沾污仪(工作间)功能检查和标定过程中,为了保证工作顺利进行,必须注意如下的关键点:

(1) 确认标准放射源编号和检定日期;

(2) 确认标准放射源的检定活度。

(3) 确认活度单位“Activity Units”为“Bq”;

(4) 确认“CALIBRATION COLLECTION TIME”为 10 s;

(5) 确认标定源为 2#^{137}Cs 放射源;

(6) 确认所有探头的高压,要求其误差%diff<4%;

(7) 工作高压选择在坪区的 1/3~1/2 区域内;

(8) 确认检查系统时间显示是否正确,如不正确则修改。

确认探头效率>1%。

第三章 故障检查和处理

常见故障现象和判断方法检查和处理见表 3-1。

表 3-1 常见故障现象和判断方法检查和处理表

序号	故障现象	判断方法	故障原因分析	故障排除方法
1	手脚沾污仪故障,屏幕显示"OUT OF SERVICE"报警	某个探头低计数失效	(1) 高压设置偏移 (2) 探头故障	(1) 调整高压 (2) 更换探头
2	手脚沾污仪出现"PRIMARY MASTER HARD DISK FAIL"报警	工控机死机	(1) 工控机死机 (2) 工控机硬盘故障	(1) 重新启动工控机 (2) 更换硬盘

第四章　操作结束

4.1　工后会

工后会是对整个工作的过程的回顾以及必要的经验反馈(见表 4-1)。

表 4-1　维修工后会记录表

工作内容:				工单号:
电厂:		机组:	工作负责人/项目负责人:	
计划完工时间:			实际完工时间:	
序号		检查项目	检查结果	备注
一工作回顾	1	工作许可证已归还	□是　□否	
	2	检修现场清理完成	□是　□否	
	3	设备标牌清晰无损伤	□是　□否	
	4	检修任务达到预期结果	□是　□否	
	5	试验设备和工器具已归还	□是　□否	
二经验反馈	6	工期安排合理	□是　□否	
	7	工作人员配置充足	□是　□否	
	8	工作文件准备充分	□是　□否	
	9	工作人员的检修技能满足要求	□是　□否	
	10	规程、图纸需要升版	□是　□否	
	11	库存备件需要补充	□是　□否	
	12	更换下来的旧部件需要利旧翻新维修	□是　□否	
	13	检修过程中出现预期外的现象和报警	□是　□否	
	14	提出缺陷单、QDR、状态报告等	□是　□无	
	15	编写良好实践、经验反馈	□是　□无	
	16	工作中需要协调、改进建议等	□是　□无	

续表

三其它事项	17			

工作组成员签名/日期：

4.2　评判

学员对解体过程进行阐述，并说明其中的关键点以及注意事项。教员对学员的陈述简要记录，根据阐述评判学员的掌握情况。教员指出学员阐述过程中的错误以及需要注意的事项，并且依据评判表，对学员的学习情况作出整体评判。

第五章　经验反馈

举例说明，题目 1：用于标定的放射源需要标定 CR20092682。

1. 事件简述

2009 年 7 月 23 日，工作人员在做 PM 包（包号：6019147）时发现该工作用到的放射源 CS-137 面源（编号：LRS-MA-004-S）在探头响应方面与以往几年数据有差距，导致被标定的探头效率比以前低，工作人员怀疑其源数据大小有改变，需要专业机构进行标定。据该放射源管理员确认，该源从 2002 年进厂以来，使用频率非常高，期间没有专业机构进行其定期标定。

2. 原因分析

由于该编号 LRS-MA-004-S 的放射源为一面源，其放射性物质喷涂在金属底板表面，故此在工作使用中可能会因工作人员的不当操作，导致放射性物质涂层摩擦受损，从而致使放射性活度降低，影响系统探头的标定效率。为满足工作需要，建议送检有资质的计量检定部门进行标定。

题目 2：S-221 平台手脚沾污检测仪探头被戳破 CR20102979。

1. 事件简述

S-221 平台手脚沾污检测仪探头被戳破，导致检测仪不可用（见图 5-1）。

图 5-1　S-221 平台手脚沾污检测仪探头被戳破

2. 原因分析

从照片探头来看，这次探头损坏的原因是个别人员使用不当造成的，每天有一两百人次进出，每年上万人次使用手脚沾污仪，个别人使用不当不可避免，后期辐射防护人员将继续从辐射防护培训的角度提高工作人员使用手脚沾污仪的技能，日常加强工作人员使用的指导和监督，尽可能探头损坏的概率。

之前针对手脚沾污仪探头损坏的状态报告已经制定过一些纠正行动，比如加强现场培训、制作指导手脚沾污仪正确使用的视频培训材料、大修期间安排专人监督指导工作人员使用等等，从近两年的情况来看，这些纠正行动已经取得了良好的效果，探头被损坏的频率已经大大降低得非常多，每年损坏的探头已经非常少，总体状态比较理想。

第六章 习 题

6.1 填空题(每题4分)

1. 在秦三厂中辐射仪表的种类有很多,最主要的有区域γ监测系统、气态流出物监测系统、液态流出物监测系统、固定式污染监测系统、二回路辐射监测系统和氚监测系统等等。

2. 区域γ监测系统主要的预防性维修和实验主要包括:区域γ系统探测器标定和区域γ系统探测器功能检查。

3. 废气监测系统(67883) 主要监测的是反应堆厂房的废气排出管道(烟囱)放射性气体中的:气溶胶、碘、惰性气体。

4. 液态流出物监测系统又叫废液监测系统(67882) 是全厂辐射监测的重要组成部分,用以监测全厂放射性废液排放。

5. 固定式污染监测系统主要包括手脚沾污仪、全身沾污仪、小物品监测仪等。

6. 氚监测系统(67878) 主要监测全厂可能存在氚辐射危害区域内空气中氚的浓度。系统通过抽取反应堆厂房的 19 个区域和辅助厂房的 5 个区域内的空气,在线分析空气中的氚浓度。

7. 二次侧辐射监测系统(67884) 对机组的二次侧气体进行在线分析,监测空气中气溶胶、碘、惰性气体的放射性水平。正常工况下,系统抽取汽轮机厂房空气进行监测。

8. 手脚沾污仪探测器工作高压选择应在坪区的 1/3~1/2 区域内。

6.2 简答题(每题4分)

1. 在秦三厂中辐射仪表的种类有很多,最主要的包括那些系统?

区域γ监测系统、气态流出物监测、液态流出物监测、固定式污染监测仪、二回路辐射监测系统和氚监测系统等。

2. 废气监测系统气溶胶、碘、惰性气体三通道功能定期检查包括哪些?

启动检查源功能,检查读数;检查探头高压是否正常;测试 TEST1 和 TEST2 功能,以验证系统检测、显示和报警功能是否正常,能否满足使用要求。

3. 简述 APTEC 公司 C7/PC 型手脚沾污仪功能检查与标定操作步骤。

(1) 确认工作对象;

(2) 检查标准放射源编号是否正确;

(3) 手脚沾污仪参数设置;

(4) 手脚沾污仪功能检查;

(5) 手脚沾污仪探测器标定;

(6) 手脚沾污仪监测功能检查；

(7) 确认工作完成，清理工作现场。

6.3　操作题(60分)

试题：APTEC公司C7/PC型手脚沾污仪功能检查与标定

鉴定点：APTEC公司C7/PC型手脚沾污仪功能检查与标定

1. 考场准备：

(1) 试题名称：APTEC公司C7/PC型手脚沾污仪功能检查与标定。

(2) 本题分值：60分。

(3) 考核时间：45 min。

(4) 考核形式：实操。

(5) 设备设施准备：

序号	名称	规格	单位	数量	备注
1	键盘		台	1	
2	放射源	15*10 cm^2 的面源	个	1	LRS-MA-053-S

考生准备：

无

2. 考核要求：

(1) 本题分值：60分。

(2) 考核时间：40 min。

(3) 考核形式：实操。

(4) 具体考核要求：APTEC公司C7/PC型手脚沾污仪功能检查与标定。

(5) 否定项说明：无

3. 配分与评分标准：

序号	考核内容	考核要点	配分	评分标准	扣分	得分
1	确认工作对象	确定标定设备	5	确认标定设备，未自检，扣3分；未互检，扣2分		
2	检查标准放射源编号是否正确	(1) 确认标准放射源编号和检定日期； (2) 确认标准放射源的检定活度	10	(1) 未确认标准放射源编号和检定日期，扣5分； (2) 确认标准放射源的检定活度； (3) 确认标准放射源编号和检定日期，扣5分		

续表

序号	考核内容	考核要点	配分	评分标准	扣分	得分
3	手脚沾污仪参数设置	(1) 确认活度单位 Activity Units 为 Bq; (2) 确认 CALIBRATION COLLECTION TIME 为 10 s; (3) 确认标定源为 2#^{137}Cs 放射源; (4) 确认每个探头所用的标定源为 2#^{137}Cs 放射源	10	(1) 未确认活度单位 Activity Units 为 Bq 扣 4 分; (2) 未确认 CALIBRATION COLLECTION TIME 为 10 s 扣 2 分; (3) 未确认标定源为 2#^{137}Cs 放射源扣 2 分; (4) 未确认每个探头所用的标定源为 2#^{137}Cs 放射源扣 2 分		
4	手脚沾污仪功能检查	(1) 确认所有探头的高压,要求其误差%diff<4%; (2) 工作高压选择在坪区的 1/3～1/2 区域内	10	(1) 未确认所有探头的高压,要求其误差%diff<4%扣 5 分; (2) 未将工作高压选择在坪区的 1/3～1/2 区域内扣 5 分		
5	手脚沾污仪探测器标定	(1) 确认检查系统时间显示是否正确,如不正确则修改; (2) 确认探头效率>1%	10	(1) 未确认检查系统时间显示是否正确,如不正确则修改扣 5 分; (2) 未确认探头效率>1%,扣 5 分		
6	手脚沾污仪监测功能检查	确认放射源靠近任一个探头,再次进入监测,检查屏幕显示监测结果为 CONTAMINATED,屏幕显示所有探头的示意图,有污染的探头以红色显示,屏幕右上角显示被污染部分探头的净计数值。同时声音提示“有污染”,并且该探头旁边的 LED 灯亮	10	手脚沾污仪测试报警时未确认屏幕右上角显示被污染部分探头与测试探头是否一致扣 10 分		
7	确认工作完成,清理工作现场	工完料净	5	未工完料净,扣 5 分		

否定项:(1) 起吊过程中,设备掉落;(2) 没有作好防异物措施

评分人: 年 月 日 核分人: 年 月 日

第五部分 控制区入口监测系统设备运行、操作与维修

第一章 操作准备

1.1 原理描述

1.1.1 设计目的

压水堆核电厂在运行中，会有一些对工作人员的身体可能产生危害的放射性物质，这些放射性物质主要来自于：

核燃料中的裂变产物。

由于反应堆运行时，受堆芯中子活化产生的活化产物。

存在放射性物质的大多数区域是限制进入的(通常把这些区域叫辐射控制区)，在核电厂运行期间，工作人员为了进行某些操作和维修设备需临时进入这些区域。为保障工作人员的辐射安全，剂量管理部门必须做到。

对电厂工作人员进入控制区进行限制和管理。

对在控制区内工作的人员所受辐照剂量进行实时监测，并建立工作人员个人剂量档案。

在工作人员退出控制区时对其全身表面及其携带工具的表面污染进行测量，确保其未受放射性物质沾污。

KZC 系统就是为了达到这些目的而设置的。

1.1.2 组成

控制区出入监测系统主要由以下系统组成：

个人剂量管理系统；

全身γ污染监测仪(C1 门)；

全身β污染监测仪(C2 门)；

出入口车辆放射性监测仪；

出入口人员放射性监测仪；

工具污染监测仪(CPO)；

放射性衣物分拣仪；

手脚污染监测仪；

供气柜、配气箱、配电箱等辅助设备。

其中个人剂量管理系统中又包括电子个人剂量仪（NRF30），剂量计读出器（NMR31221），TLD，WBC。

1.1.3 功能

控制区出入监测系统功能如下：

对进出控制区的人员进行管理，防止未获授权的人员非法进入控制区。

测量和记录工作人员在控制区停留期间所接受的累计辐射剂量，当累计剂量超过预先设定的阈值可发出报警。

指示现场的实时剂量率，当现场剂量率超过预先设定的阈值时可发出报警。

随时为剂量管理人员提供某一工作人员或人员组，或完成某一任务的累计剂量。

检查工作人员是否受到了内照射污染。

监测工作人员工作服的表面污染水平，为工作服的分类清洗提供方便。

检查工作人员的表面沾污，避免工作人员受到过量表面污染照射的危害。

隔离控制区和非控制区，防止污染扩散。

通过对工作人员表面污染情况的分析，及时发现控制区内可能存在的事故或事故苗头。

防止放射性物质被携带出厂区。

1.1.4 个人剂量监测管理系统主要功能

控制工作人员进入控制区，防止未被授权的人员进入控制区。

测量和记录工作人员在控制区停留期间所接收的累积辐射剂量。

指示现场实时照射剂量率值，并在实时剂量率超过预定的报警阈值时发出报警。

对剂量管理人员随时提供某一工作人员或人员组，或完成某一任务的累积剂量。

建立电厂工作人员的外照射剂量档案。

1.1.5 全身污染监测仪（C1 门、C2 门）能够完成下列功能

检查工作人员身着工作服的表面沾污，判断工作服是可以继续穿用，还是必须清洗以后方可穿用，或者不能再穿用须作为放射性废物处理。

检查工作人员全身的表面污染，督促工作人员在表面污染超标时进行清洗，避免工作人员遭受过量表面污染照射的危害。

隔离控制区和非控制区，避免控制区的污染向非控制区扩散，防止放射性物品未经许可被带出控制区。

通过对工作人员的表面污染情况的分析，及时发现控制区内可能存在的事故或事故苗头。

1.1.6 CPO 工具污染监测仪的功能

测量需带出控制区的的工具和物品的表面污染。

防止沾污的工具和物品被带出控制区使用。

1.1.7　手脚污染监测仪(FHT65LLX)的功能

测量手部和脚部的表面污染,督促工作人员在表面污染超标时进行清洗,避免工作人员遭受过量表面污染照射的危害。

隔离控制区和非控制区,避免控制区的污染向非控制区扩散,防止放射性物品未经许可被带出控制区。

通过对工作人员的表面污染情况的分析,及时发现控制区内可能存在的事故或事故苗头。

1.1.8　NLM-21A、NLM-21B 洗衣房衣物分拣监测仪的功能

NLM-21A 洗衣房衣物分拣监测仪分为干净衣物和脏衣物两台。

脏衣物分拣监测仪用来判断衣物是进行清洗,还是不能再穿着,须作为放射性废物处理。

NLM-21B 干净衣物分拣监测仪用来判断经过清洗的衣物是否达到再次穿着的要求。

1.1.9　WBC 全身计数器的主要功能

测量工作人员体内照射情况,判断内照射是否超过核电厂的限值。

1.1.10　人员污染监测仪和车辆污染监测仪的功能

测量进出 UD1 的工作人员和车辆的放射性。

防止放射性物品在不经控制的情况下被带入厂区,或带出厂区。

1.2　设备详解

1.2.1　全身γ污染监测仪(C1 门)

全身γ污染监测仪用于核电站监测工作人员在控制区结束工作进入热更衣室之前,工作服上可能的γ污染。也可以用于各类人员出、入口γ辐射监测,控制非法携带放射性物质或人员的放射性沾染,设计为门柜结构,入口为电动栏杆,出口电动玻璃门。待机状态时,监测仪进行本底测量,栏杆打开,玻璃门关闭。人员进入测量室,栏杆关闭,监测仪开始测量,当测量未超过设定污染阈值时,玻璃门打开,人员可从门离开,当测量超过设定污染阈值时,监测仪产生报警,玻璃门不打开,栏杆打开,人员从入口退出。C1 门一般分布于 AC、LX、ET 厂房。

1. 电气组成

全身γ污染监测仪主要由 8 个γ辐射探测器(前后各三个身体探测器,一个头部探测器、一个脚部探测器)、嵌入式工控机、栏杆和推拉门电机及驱动、红外光电开关、10.4 寸 LCD 及触摸屏、状态指示驱动接口电路、语音接口电路、UPS 以及蓄电池组成(见图 1-1)。

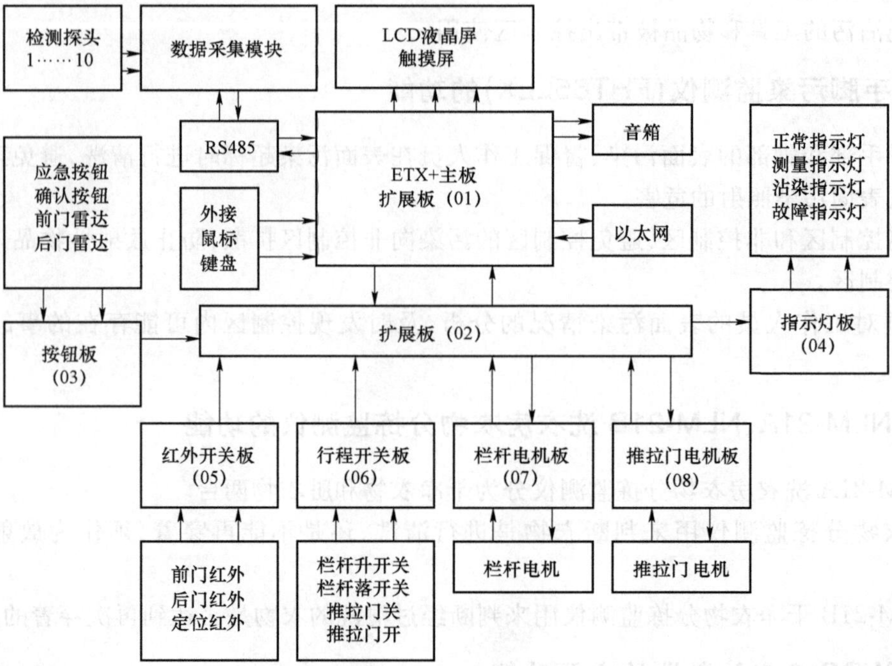

图 1-1　系统电气组成图

2. 结构组成

NGM-22 全身γ污染监测仪外形如图 1-2 所示，监测仪采用大面积塑料闪烁体在大范围内探测γ射线，在探测器的背面和塑料闪烁体的侧面加装铅屏蔽层，以减少背景射线的干扰，增加探测灵敏度。

头部探测器采用拉伸式设计，人员可根据自身身高调整头部探测器的距离，达到最佳测量效果。脚部探测器采用凹陷式镂空设计，提醒测量人员站在正确的测量位置并取得最佳探测效果。脚部探测器便于打开，方便清洁脏污。

出口处设计推拉门，使得测量人员可控，测量完毕无污染后推拉门方打开。在设备的左右内壁加装红外探头，以感知是否进入测量范围（人员侧向站在仪器内即前胸、后背分别正向于左右内壁）。

NGM-22 全身γ污染监测仪的顶部带有声光报警装置，污染报警时声光动作，故障报警则光闪烁。

在门框的侧面设计电源指示灯和状态指示灯（至少分为正常、测量、故障、污染）；设计应急按钮，按下时，监测仪入口栏杆和出口门打开，保证人员在突发状态下迅速撤离。

监测仪全部采用优质钢材料，主体框架采用角钢等型材焊接而成，面板进行喷漆处理，颜色为信号蓝色，美观大方。

3. 功能特点

(1) 具有自动本地扣除功能。

(2) 集成嵌入式工控机（内装 WIN CE 系统）。

(3) 智能化监测，带有语音问候和提示，可以选择不同语言。

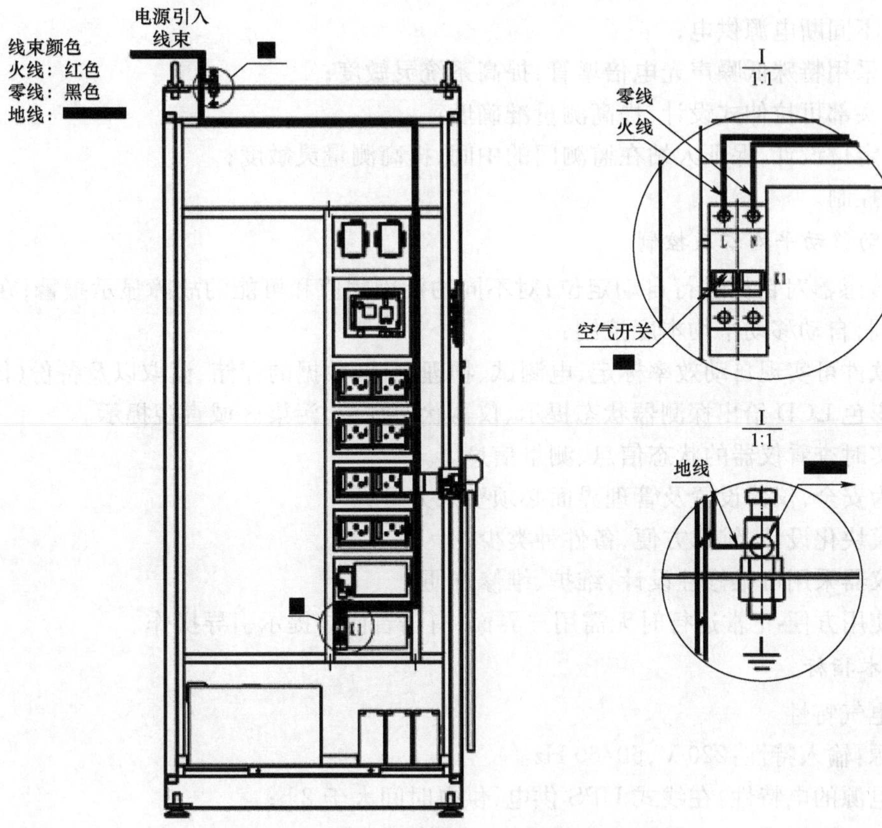

图 1-2　NGM-22 全身γ污染监测仪外形图

(4) 两种工作模式:静止测量、穿行测量。

对于每一种工作模式,监测仪可设置的污染报警水平不同。

(5) 具有电动出、入口控制。

(6) 污染定位。

4. 彩色 LCD 显示污染部位对应的探测器

从头到脚,从背面到前面:

(1) 报警阈值可调,且区分污染、严重污染;

(2) 报警算法可分动态报警阈值、静态报警阈值;

(3) 计数时间可设(本底测量时间和目标测量时间,最优化最小可探测活度);

(4) 探测器参数可设:高压、阈值、采样周期;

(5) 自动监测探测器故障:高压、通信等;

(6) 进行高、低本底故障判别;

(7) 推拉门进行安全性设计,防止人员夹伤;

(8) 维护保养:连续实时自动自检高压、本底计数率;

(9) 辅助服务软件具有友好的用户程序;

(10) 输出信号:污染报警、故障报警、正常状态指示、测量状态指示、供电状态指示;

(11) 可实现网络化,对仪器实行远程控制以及进行文件的传输;

(12) 不间断电源供电;

(13) 采用特殊低噪声光电倍增管,提高系统灵敏度;

(14) 头部可拉伸式设计,提高测量准确度;

(15) 定位设计,保证人站在监测门的中间,提高测量灵敏度;

(16) 控制。

5. 自动移动平均本底控制

通过传感器对目标进行自动定位;对不同的污染阈值和可能的故障显示报警;在两个测量序列之间,自动移动平均本底控制:

(1) 软件可实现自动效率标定、电测试、物理测试、数据的存储、读取以及备份(传输)。

(2) 彩色 LCD 给出探测器状态提示、仪器状态提示、污染区域直观提示。

(3) 实时查看仪器的状态信息、测量信息。

(4) 为安全,仪器设置及管理界面必须登录方可见。

(5) 模块化设计,维修方便,备件种类少。

(6) 仪器采用可维修性设计,维护、维修方便。

(7) 使用方便-正常运行时无需用户界面,有语音向导提示引导操作。

6. 技术指标

(1) 电气特性。

主电源:输入特性:220 V,50/60 Hz。

备用电源的电特性:在线式 UPS 供电,供电时间大于 2 h;

CPU:选用 AMD GeodeTM LX 800 处理器,主频 500 MHz;

内存:≥128 MB,可扩展至 1 GB;

程序存储器:≥4 GB;

10.4 寸液晶显示屏。

(2) 环境适应性。

工作温度:0~60 ℃。

储存温度:-20~70 ℃。

湿 度:30%~95%(40 ℃)。

(3) 机械特性。

高×宽×深(不含栏杆):2 665 mm×1 170 mm×900 mm。

塑料闪烁体尺寸(不含光电倍增管):

500 mm×450 mm×50 mm(身体探测器)。

400 mm×350 mm×50 mm(头、脚部探测器)。

(4) 灵敏度。

最小可探测活度(MDA):(在 70 nGy/h 条件下,^{60}Co 源在监测仪中间,0.15%误报警率,2.5%漏报率);

测量时间为 1 s 时,1 800 Bq。

测量时间为 5 s 时,800 Bq。

探测器灵敏度<429 Bq。

7. 注意事项

在使用 NGM-22 全身γ污染监测仪时，应注意以下事项：

NGM-22 全身γ污染监测仪通过箱体内部的电源开关来开启和关闭整个系统的电源。在停电时，UPS 实现自动切换。

NGM-22 全身γ污染监测仪输入电源为 220 V/50 Hz 交流电源。请勿带电插拔 NGM-22 全身γ污染监测仪连接器。

仪器每次监测到污染物质，会在报警确认按下后进行强制本底测量。如果监测结果显示为高本底故障，请注意对仪器作清污处理。否则，黏附在仪器表面的放射性物质会影响人身安全及产品功能的正常发挥。

如果某一道出现故障，来不及维修，可将该道屏蔽，仪器仍能使用。但是，会影响仪器的测量精度。

如果发现 NGM-22 全身γ污染监测仪工作出现异常时，请马上通知维护人员前来进行检修，切勿自行修理。维修人员应经过专门的技术培训，具有一定的电子技术基础，熟悉计算机系统组成和工作原理。

UPS 电池一年内必须充放电一次，以保证电池的正常使用。

1.2.2 IPM9 X 型的全身表面污染监测仪(C2 门)

IPM9X 型的全身表面污染监测仪可用于对身体及衣物各部分的放射性污染进行可控监测。如果污染超过一定的报警限值，系统将发出有声报警，同事显示屏将显示污染的位置和严重程度。

C2 门共 14 台。分布于 AC、LX、ET、QS、AL 厂房。

1. 主要特点

(1) 两个步骤操作。

(2) 统计报警算法具有多个可选参数，包括最小可测活度(MDA)、置信度、误报警率、本底衰减补偿系数。

(3) 设有大型指示灯，即“REDAY/CLEAR(就绪/无污染)”，“RECOUNT(重新计数)”，“COUNT(计数)”，“ALARM(警告)”，“OUT OF SERVICE(运行终止)”，以及铃声和语音说明。

(4) 显示器可显示探测器报警情况，也可以显示低水平分布的污染。

(5) 电池备份。

2. 描述

IPM9X 型的全身表面污染监测仪可用于对身体及衣物各部分的放射性污染进行可控监测。如果污染超过一定的报警限值，系统将发出有声报警，同事显示屏将显示污染的位置和严重程度。

通过使用 24 个大面积密闭气体正比探测器，可检测到表面是β污染。每一个探测器都被划分为四个独立的检测通道，一共可形成 96 个计数区，提供了最高的检测灵敏度和本地扣除。使用一对探测器来检测一只手的污染，使用一个探测器来连续检测每一只脚的脚底。其他 18 个探测器排成三个垂直紧密的阵列，每个阵列成半六边形的形状，这些探测器用于检测身体、肩部和头部两侧的β污染,而另一个顶部下拉式探测器则用于检测头顶。

探测器的规模和手、脚、身体部位探测器几何形状的机械构造都经过精心挑选,具有最佳的检测效率。

对身体的检测分为两个独立的阶段,在第一阶段检测正向测量、右脚脚底、身体整个正面、头顶、双手背部和手掌,在第二个阶段检测反响测量、左脚脚底、身体的整个背部和头顶。

设备设有一个中央嵌入式技术扩展(ETX)解决方案微型电脑,探测器节点处通过"X 通道"网络分配有智能处理,二者接口可提供电子与控制。

探测器为密闭气体正比计数器,使用氩/甲烷作为专用气体。

人员进入监测仪后,将个人电子剂量计(EPD)插入读出器的卡槽内,随后读出器将验证个人电子剂量计的状态,并从 EPD 中提取人员信息,无需进行任何数据输入或身份扫描。EPD 验证完成后,污染检测周期自动启动。

3. 系统特点

(1) 基本系统。

基本系统包含由下列组装件组成的主要子组件:

1) 机箱。

2) 基座顶端电子设备。

3) 电子设备机箱。

4) 手部探测器和机械装置。

5) 显示机械组件。

6) β探测器。

7) 头顶探测器和机械装置。

(2) 机箱组件。

IPM9X 的机箱延伸并形成一个"封闭式"小室,以实现人员流量控制(PFC)。设有简单的电动旋启栅栏和全高度电动门,控制用户进入和离开监测仪,因此可以限值和定向控制人员流量。

型号 COMA000697 的机箱是一个"封闭式"外罩式结构,用户须从相对的两侧进入和离开。外壳坚固,采用金属板卷材焊接加工制造,表面涂有工业浅纹理面漆。该仪器含有内置的功能和紧固件,最多可容纳 24 个密闭气体探测器和电子产品组件。

该仪器的机箱下面是一个高强度结构钢基座,可将仪器固定在地面,可容纳一个大面探测器,独立在两个监测阶段连续监测每一只脚的脚底。

(3) 基座顶端。

高压发生器电路板和通用输入/输出(GPIO)控制电路板安装于上基座,同时设有一个网络交换器。此外,上基座顶端还使用螺栓固定不间断电源(UPS)。

(4) 电子设备机箱。

电子设备机箱位于中央外摆式面板上,面对垂直人体阵列面板。电子设备机箱内设有主处理器组件、交流主电源、电池控制电路板和 12 V 凝胶电池、带有触摸屏的液晶显示器组件、DC-DC 转换电路板、个人剂量计读出器、四端口 USB 集线器以及 ON/OFF 按键开关。

（5）β探测器。

IPM9X 采用三个型号的密闭气体探测器：5509X、5510X、5511X。这些探测器都为四阳极封闭式。共计配有 24 个β探测器。

四区探测器为大区域β灵敏探测器。这些探测器的大小都经过了仔细选择以达到最佳的测量几何形状，用于检测身体的各个部位。5509X 用于监测手部；5510X 用于监测脚部；5511X 用于监测身体和头部。

（6）规格尺寸。

1）整机尺寸。

高度：2 310 mm，宽度：1 000 mm，深度：1 750 mm。

2）监测面积。

高度：2 014 mm，阵列宽度：520 mm，监测面积：15 300 cm^2。

3）重量。

IPM9X：约 430 kg。

（7）环境要求。

1）温度湿度

运行温度范围：5～45 ℃　　存储温度范围：-30～55 ℃

相对湿度：10%～90%无冷凝　空气压力：860～1 060 hPa

2）磁屏蔽

不存在磁屏蔽，大的外部磁场可能降低测量值。

3）环境要求限制条件

不可用于易燃和易爆环境，仅可将 IPM9X 安装于“无滴漏（雨、冰雹和雪）”位置。

请勿将 IPM9X 暴露于有过度粉尘污染的环境，监测仪是一款高度灵敏的辐射监测仪，环境辐射水平应尽可能稳定。1 μSv/h 是准确操作的绝对最大允许环境辐射水平。

1.2.3 出入口车辆放射性监测仪（SYREN）

γ污染监测系统用于核电站的出入口，用于监测人员、车辆是否携带放射性物质。在福清/方家山项目中，UA 配置 2 对车辆γ污染监测仪、3 对人员γ污染监测仪和 1 台报警盘，UD 配置 2 对车辆γ污染监测仪、3 对人员γ污染监测仪，BX 楼配置，2 台服务器和 1 台报警盘。系统通过网络设备可实现对系统内设备的远程监控。

系统组成：γ污染监测系统系统包括 4 对车辆γ污染监测仪、6 对人员γ污染监测仪、2 台报警盘、2 台网络设备。远端设备通过光缆，连接至光纤交换机，实现数据交换及信息传输。本系统网络结构如图如图 1-3 所示。

1.2.4 车辆γ污染监测仪

车辆γ污染监测仪主要安装在核电站的车辆出入口，用于监测通过出入口的车辆是否携带放射源或放射性污染物。当放射性水平超过报警阈值时，仪器发出报警信号，防止放射性物质及其污染物扩散。

(5) 可进行远程报警确认。

(6) 报警音量可调。

(7) 电源：220 V(±10%)，50/60 Hz。

(8) 整机功耗：不大于 200 W。

(9) 工作温度：0～50 ℃。

(10) 湿度：(98±2) %(40 ℃)。

(11) 总重量：不大于 25 kg。

(12) 外形尺寸 840 mm 长×420 mm 宽×120 mm 高。

3. 设备组成

(1) 设备外观(见图 1-7 至图 1-9)。

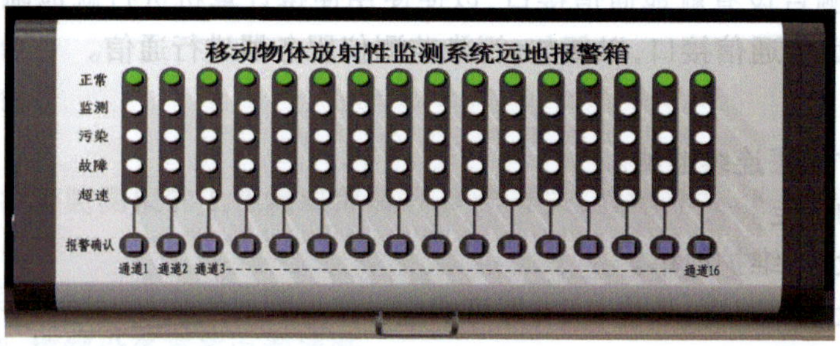

图 1-7　报警盘效果图

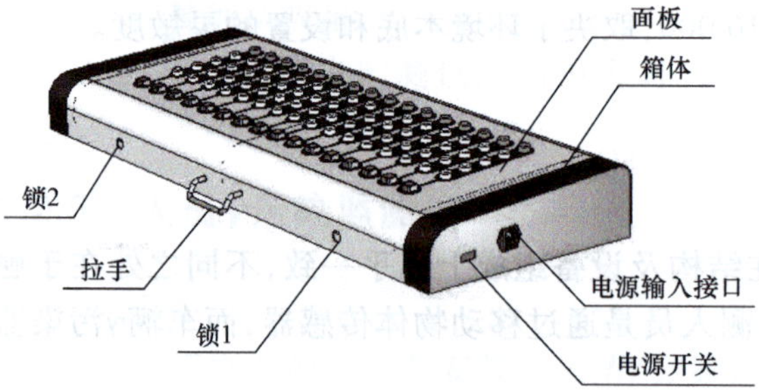

图 1-8　报警盘侧视图

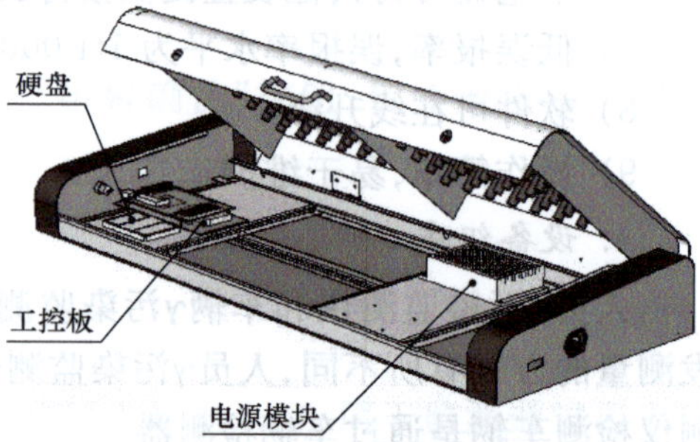

图 1-9　报警盘内部效果图

(2) 电气设备。

1) 工控机。

工控机是本设备的核心模块，可实现报警控制、网络通信等功能，工控机通过以太网口与光电转换器连接，用于接收通过光纤传输的γ污染监测监测设备状态信息。

2) 光电转换器。

光电转换器用于进行光信号和电信号进行转换，工控机的以太网连接至光电转换器，再通过光纤将设备的信息传输至管理计算机，由于信号传输采用光信号数传数据更远，

并可抗雷电等多种干扰，大大提供了系统的稳定性。

3) 显示屏。

显示屏采用高亮度 VFD 显示屏，用于显示各个通道仪器的当前工作状态，如正常、监测、报警、超速等。

4）开关电源。

开关电源用于将交流电源转换为直流电源，由交流 220 V 转化为直流 12 V，并具有电源管理功能，可自动给蓄电池充电。

5）状态指示灯。

控制箱5个状态指示灯，分别代表：正常、监测、故障、污染、超速，用于指示仪器的当前状态，设备的工作状态可通过状态指示灯非常直观地指示出来。

1.2.7　网络设备

1. 网络交换机

网络交换机采用 MOXA 的 PowerTrans PT-7728。PT-7728 能满足多种自动化系统（IEC 61850-3，IEEE 1613）、交通控制系统（NEMA TS2）的需求，可组建高性能的千兆以太网骨干网络、冗余环网，它具备 110/220 VDC/VAC 冗余电源输入的功能，在提高网络通信稳定性的同时还可以节省布线。PT-7728 模块化的设计为用户提供更加轻松的组网方式，4 个千兆端口和 24 个以太网口在组建网络时更加灵活。PT-7728 还可以选择前/后出线的方式，非常适合各种应用。

（1）支持 Turbo Ring 和 RSTP/STP（IEEE802.1W/D）。

（2）持基于端口的 VLAN、IEEE 802.1Q VLAN 和 GVRP 协议，轻松实现网络管理。

（3）带宽管理可以阻止不可预料的网络状态，端口锁定只允许授权的 MAC 地址访问。

（4）ABC-01 自动备份配置器。

（5）异常事件通过 E-mail 和继电器自动输出报警。

（6）自动恢复连接设备的 IP 地址。

（7）Line-swap 快速恢复。

（8）可通过 web 浏览器、Telnet/Serial console，Windows Utility 和 ABC-01 配置。

2. 光电转换器

IMC-101 工业级光电转换器提供 10/100 BaseT（X）和 100 BaseFX 之间的光电转换。它的工业设计确保您的工业自动化应用持续运行，且每个 IMC-101 转换器还配备有一个用于系统掉电、网络断线报警的输出继电器，这样可以减少系统宕机带来的损失。IMC-101 专为苛刻工业环境设计，通过危险环境认证（Class 1 Division 2/Zone 2，DNV，and GLCertification）并符合 FCC、TUV、UL、CE 标准。

（1）10/100 BaseT（X）自适应，支持 MDI/MDI-X 自动侦测。

（2）单模光纤 SC 接口。

（3）系统掉电，网络断线可通过继电器输出报警。

（4）冗余电源输入。

（5）Link Fault Pass-Through（LFP）。

工作温度为-40～75 ℃。

1.2.8　工具污染监测仪

1. 仪表概述

NTM-11 小物品污染监测仪安装在核电站或核废料处理厂等场所的控制区的出口，主要监测在核电站控制区日常使用和维护的工具受到放射性沾染情况，同时也对安装在核电站控制区内长期使用的小型仪器仪表外出维护前的放射性沾染检测，NTM-11 小物品污染监测仪通过测量被测物品的γ射线辐射值，确定工具、小型仪器、工具包等是否受到放射性沾染，避免其在控制区外发生二次放射性污染。

2. 系统组成

(1) 电气组成。

监测仪主要由2个γ辐射探测器(仪器左右侧各1个)、嵌入式工控机、带触摸屏的液晶显示器、CF卡、状态指示、语音提示、工作按键、电磁吸铁、开闭门状态检测组成；γ辐射探测器与固定式人员全身γ辐射监测仪探测器相同，每个探测器通过RS485串行总线与工控机进行测量数据交换；嵌入式工控机由PC104总线CPU主板ETX+和专用接口电路板组成，LCD显示工作状态、测量数据等内容，通过触摸屏，用户可以对仪器进行参数设置、阀值修改和数据查询等操作，节省了面板按键，使仪器简洁美观；CF存储卡作为仪器的存储设备，保存每次测量的数据信息；在仪器的前后面板，各安装四个状态指示灯，状态有“测量”“正常”“沾染”和“故障”，表示仪器当前的工作状态，方便操作人员和值班管理人员的观察；语音提示物品被测过程和测量结果；在仪器门口，安装一个行程开关，检测仪器门的开启或闭合状态，通知工控机进入相应的工作过程；在面板上安装了工作模式开关和测量按键，工作模式开关有小件物品和长物品检测两个位置状态(见图 1-10)；电磁吸铁控制仪器门的关闭，在测量过程中，保证仪器门不能被打开；在嵌入式工控机中安装了嵌入式操作系统和专用软件，完成监测仪的工作流程控制、测量模式的处理，实现探测器数据的收集、判断、存储和查询功能，通过 RJ45 以太网口将数据导入管理计算机辐射监测计算机具有本底信号测试、辐射监测、数据存储、查询和备份功能。

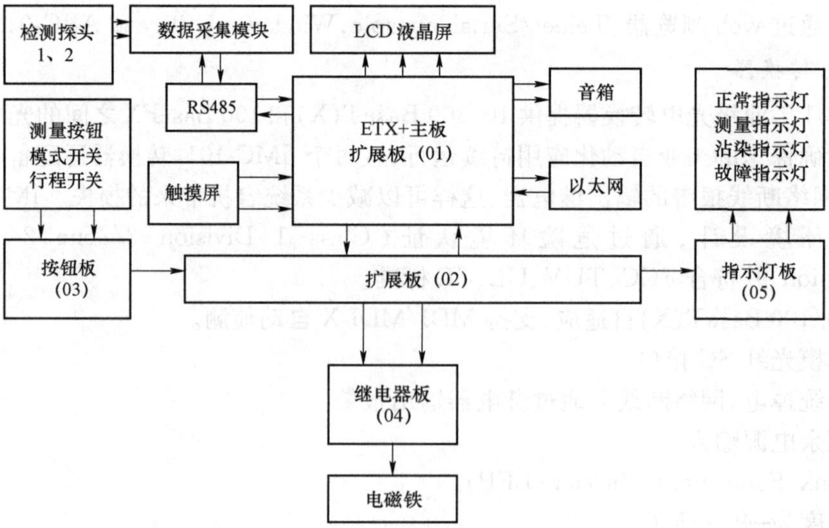

图 1-10 NTM-11 小物品污染监测仪系统框图

(2) 结构组成。

图 1-11 为 NTM-11 小物品污染监测仪的产品外形图，主要由检测箱体、控制箱体、前后门、探测器、左右侧盖板组成等几部分组成。

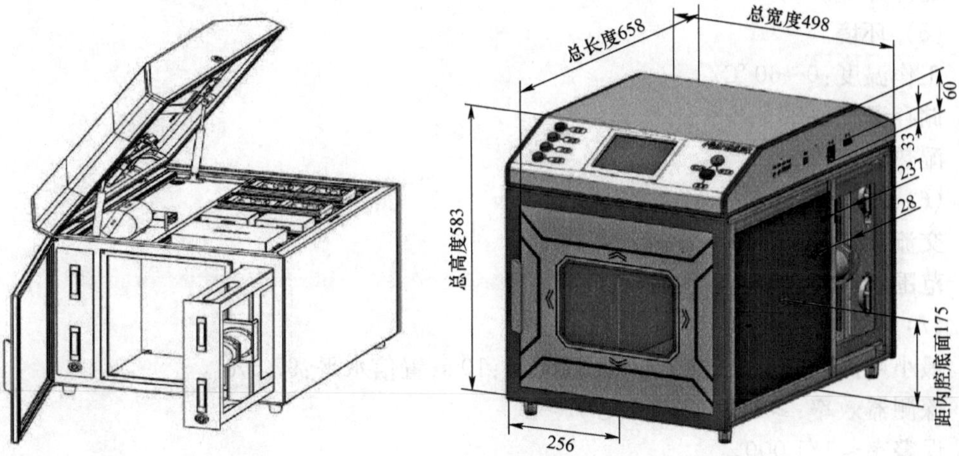

图 1-11　产品外形图

1）2 种测量模式。

可进行小工具测量和长工具测量。

2）LED 状态指示。

可通过 LED 指示出仪器的正常、测量、故障、污染等状态。

3）语音提示。

工具测量过程中，每一步操作均有语音提示。

4）自动刻度。

探测效率自动标定，并可自动生成效率报告。

5）数据本地存储。

测量数据、日志、报警信息本地存储。

6）仪器测试。

仪器可进行电测试、物理测试。

7）远程监控。

预留以太网接口，可实现远程监控。

3. 技术指标

(1) 内部空间。

高：(350±2)mm。

宽：(250±2)mm。

深：(550±2)mm。

(2) 重量。

小于 70 kg。

(3) 外观及标志。

设备表面无损伤。

设备标识清楚。

(4) 成套性。

配件齐全。

(5) 环境。

工作温度:0~60 ℃。

储存温度:-20~70 ℃。

湿热:40 ℃、95%。

(6) 电源适应性。

交流:220 V/50 Hz。

范围:198~242 V。

(7) 辐射性能。

最小可探测活度:≤170 Bq(测量时间:10 s,置信水平:97.5%)。

探测器效率:≥10%(几何中心)。

误警率<1/1 000。

测量结果漂移<2.5%。

4. 运行方式

(1) 小工具测量。

1) 将模式转换开关转到小工具测量模式,此时仪器正常工作,显示屏显示“等待测量(IN OPERATION)”,“正常”指示灯亮。仪器状态为“长工具测量模式”,A、B 两通道实时显示本底数值。

2) 打开仪器门,显示屏显示:“请放入物品,并关闭仪器门(PUT YOUR TOOLS IN, THEN CLOSE THE DOOR)”。

3) 放入工具后,关闭仪器门,行程开关判断仪器门已经关闭,电磁铁动作,锁定仪器门,显示屏显示:“测量中,请等待(CHECK PROGRESS XXS)”,“测量”指示灯亮。

4) 在测量过程中,电磁铁使能,仪器门禁止打开。

5) 如果工具没有沾染,“未沾染”指示灯亮,显示屏显示“未污染,请取出物品(NOT CONTAMINATED,REMOVE TOOL)”,语音提示“未污染,请取出物品”。

6) 电磁铁吸合,打开仪器门,取出工具后,显示屏显示“请关闭仪器门(CLOSE THE DOOR)”,关闭仪器门后,仪器进入测本底状态,显示屏显示“正常(IN OPERATION)”。

7) 如果工具沾染,显示屏显示“污染,请联系辐射防护人员(CONTAMINATED, REMOVE TOOL)”“污染”指示灯亮,语音提示“污染,请联系辐射防护人员”。

8) 测量完毕,关闭仪器门,仪器处于本底监测状态,显示屏显示“等待测量(IN OPERATION)”,“正常”指示灯亮。仪器状态为“小工具测量模式”,A、B 两通道实时显示本底数值。

(2) 长工具测量。

1) 将模式转换开关转到长工具测量模式,此时仪器正常工作,显示屏显示“等待测量(IN OPERATION)”“正常”指示灯亮。仪器状态为“长工具测量模式”,A、B 两通道实时显示本底数值。

2) 打开仪器门,显示屏显示“请放入待测物品,并按测量键开始测量(PUT IN AND PUSH THE MEDASURE BUTTON)”。

3）放入工具后，按“测量”键，开始对长工具进行放射性检测，显示屏显示“测量中，请等待(CHECK PROGRESS ××S)”，“测量”指示灯亮。

4）如果工具没有沾染，显示屏显示“未污染，请按测量键进行下一段测量(NOT CONTAMINATED，PUSH ON CHECK BUTTOM FOR NEXT CHECK)”将工具移动位置，对长工具进行分段测量，重复按“检测”键，开始进行下一段工具的放射性检测。

5）重复上述步骤直至整个工具测完。

6）如果工具沾染，显示屏显示“污染，请联系辐射防护人员(CONTAMINATED，REMOVE TOOL)”“污染”指示灯亮，语音提示“污染，请联系辐射防护人员”。

7）测量完毕，关闭仪器门，仪器处于本底监测状态，显示屏显示“等待测量(IN OPERATION)”，“正常”指示灯亮。仪器状态为“长工具测量模式”，A、B 两通道实时显示本底数值。

(3) 软件使用。

1）待机。

仪器开机，首先进行自检：

- 检查 LED、电磁铁。
- 检查工控机。
- 检查探测器与工控机通信。

自检完成，进入强制本底测量，默认测量时间为 5 s。自检正常后，仪器进入待机界面，如图 1-12 所示。

图 1-12 默认测量

2）用户登陆。

如果用户对仪器进行参数设置、仪器测试、效率标定等功能，则应首先进行身份识别，点击屏幕左下方的“管理员”按钮进入用户认证界面，输入正确的用户名和密码后，可进行参数设置、效率标定等操作，否则相应操作禁止。用户在这个界面可更改密码，用户注销后，仪器回到待机界面(见图 1-13)。

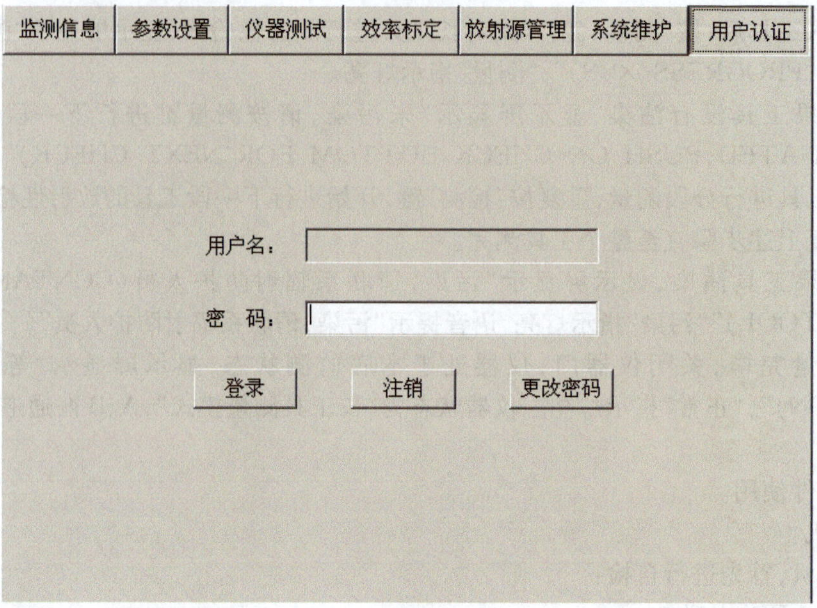

图 1-13　待机界面

3）监测信息。

在监测信息界面，用户可查看当前系统时间、日前、测量状态、探测器参数、计数值等内容。若仪器发生故障，则故障类型会在这个界面进行提示（见图 1-14）。

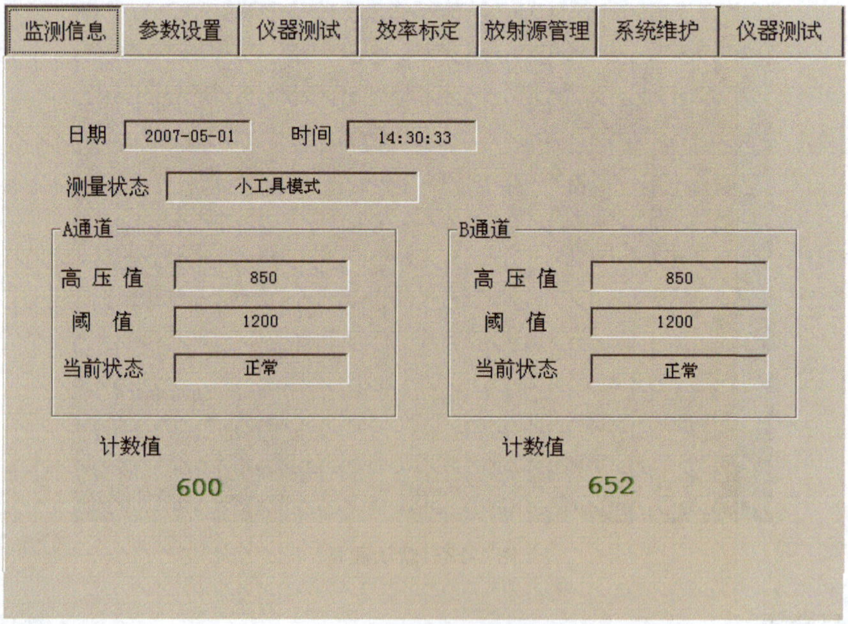

图 1-14　监测信息界面

4）参数设置。

在参数设置界面，可进行工控机参数、探测器参数设置（见图 1-15）。

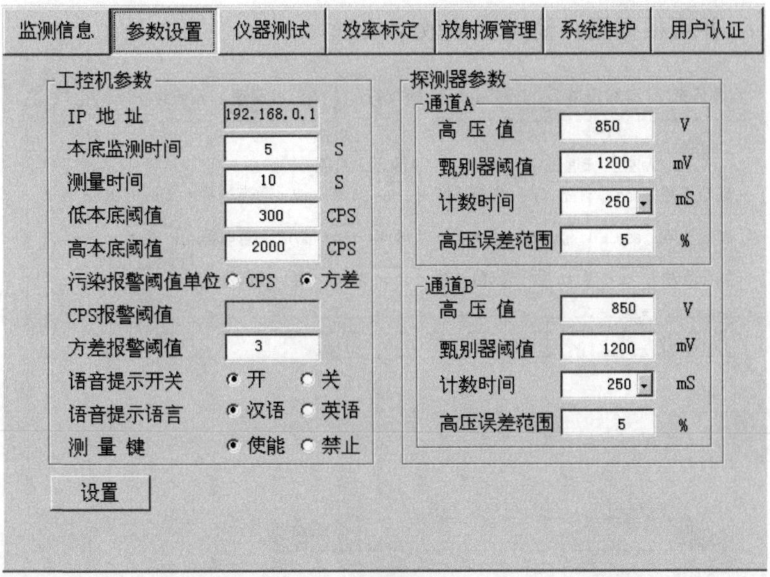

图 1-15　探测器参数设置

5）仪器测试。

在仪器测试界面(见图 1-16),可进行仪器的电测试和物理测试,物理测试的高压和阈值根据用户设定,计数值的大小和环境本底有关。电测试时,仪器本身产生 10 KB 的测试信号,高压值一般设置为 100 V,阈值设定为 500 mV,计数值一般为 10 000 左右。

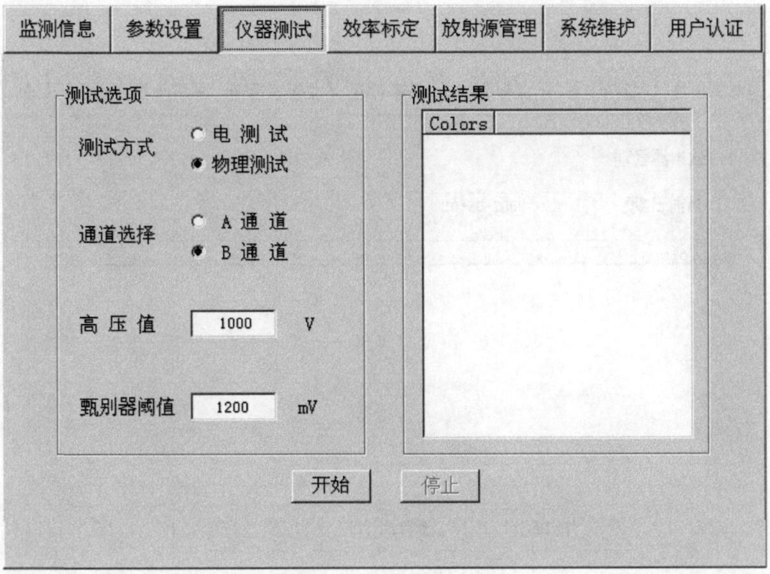

图 1-16　仪器测试

6）效率标定。

在效率标定界面(见图 1-17),用户首先选择对哪个通道进行标定,然后设置高压值、甄别器阈值、高压步进值、阈值步进值,系统会根据用户设置,对每一个工作点进行测量,测量结果可实时显示,并可根据用户需求生成效率报告。

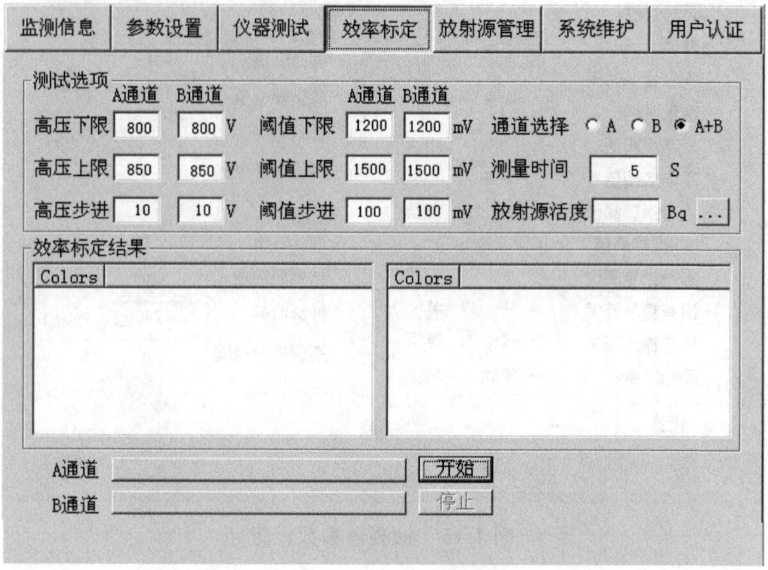

图 1-17　效率标定

7）放射源管理。

用户可将常用放射源输入到放射源库(见图 1-18),系统可自动计算当前放射源活度,在用户使用时,只需对照放射源编码,即可查到放射源活度。在此界面,可对放射源库进行维护。

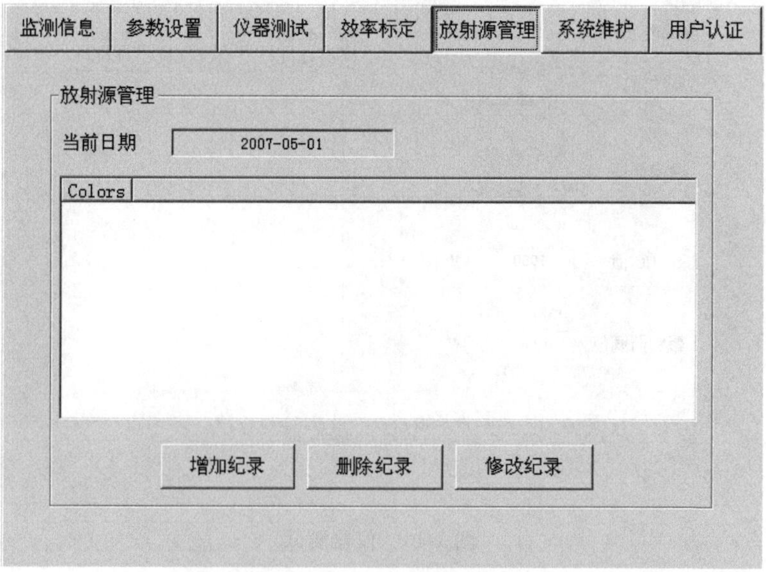

图 1-18　放射源管理

8）系统维护。

在系统维护界面(见图 1-19),用户可对本地数据进行备份及处理,文件类型有数据文件、日志文件、报警文件等。

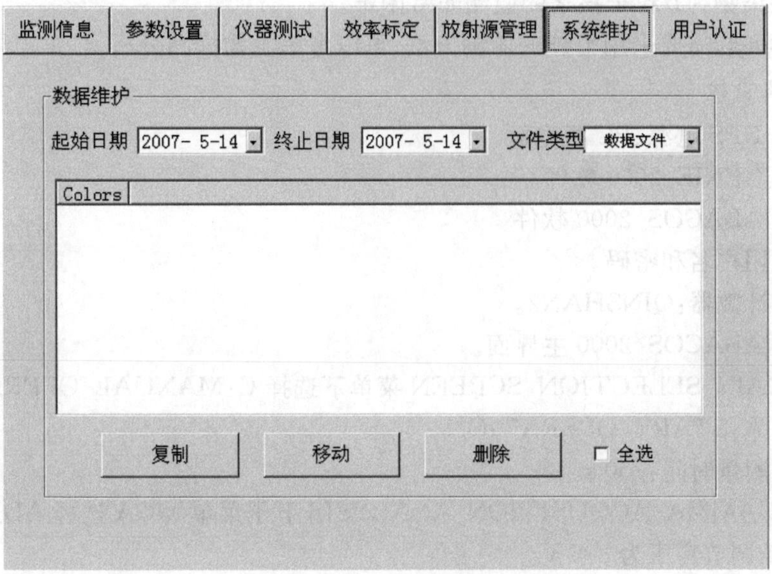

图 1-19　系统维护

5. 维护

(1) 日常维护。

每天操作结束后，使用人员用干净擦布对小物品污染监测仪表面进行擦拭，除去残留在箱体表面上的灰尘、油脂等污物。擦拭触摸屏动作要轻，切不可用力压。

如果小物品γ污染监测仪长时间不使用，应至少每半月擦拭一次，同时开机运行至少15 min。当小物品污染监测仪工作异常时，应关闭小物品污染监测仪电源，检查各连接器是否连接正确、良好，电缆连接是否松动。

(2) 刻度方法。

将放射源置于小物品污染监测仪的探测区域几何中心点，利用软件的自动效率刻度功能(可两个探测器一起进行刻度)测得的两个探测器的效率值均应大于10%。

1.2.9　WBC 全身计数器

1. 概述

放射性核素可以通过呼吸道、消化道、伤口，甚至是完好的皮肤而进入人体。常用的内照射监测方法有：体内监测、生物检验和空气监测。秦山核电二期目前主要采用体内监测，即使用全身计数器来测量体内核素的活度，并最终计算出待积有效剂量。在条件成熟时，将逐步开展生物样品分析。

秦山核电二期购买的是美国勘培拉公司生产的扫描型全身计数器。该计数器采用大面积 NaI 晶体，可以测量发射 X、γ射线核素的活度。特别是对 ^{60}Co、^{137}Cs、^{131}I 等核素可以给出较好的结果。为了保证测量结果的准确，必须将全身计数器放置于低本底环境中。

但是扫描型全身计数器也有一些缺点：

(1) 不能测量纯β核素(如 ^3H、^{14}C)。

(2) 对污染物为α粒子核素的监测非常困难。

解决上诉问题需要采用另外的监测方法,可以考虑生物样品分析。

2. 启动及自检

(1) 打开 UPS 电源、PC 机电源。

(2) 启动 GENIE 2000 软件。

(3) 启动 ABACOS 2000 软件。

(4) 输入用户名和密码。

(5) 选择计数器:QINSHAN2。

(6) 进入 ABACOS 2000 主界面。

(7) 在 MAIN SELECTION SCREEN 菜单下选择 C:MANUAL OPERATIONS。

(8) 选择 A:START OPERATION。

(9) 输入测量时间:100 s。

(10) 在 GAMMA ACQUSITION ANALYSIS 下子菜单 MCA 选择 ADJUST。

(11) 手动调节高压为 800 V。

(12) 点击 STOP。

1.2.10 系统基本操作

1. 日常人员测量操作

(1) 在 MAIN SELECTION SCREEN 菜单下选择 B:ROUTINE COUNTS。

(2) 选择测量时间。

(3) 在 PREPARE FOR ROUTINE COUNT 界面下点击 START 按钮。

(4) 在 PERSONNEL INFORMATION SELECTION 界面下按要求输入人员姓名、ID 号等信息。若信息已经存在则显示相关人员信息;若信息不存在,需建立新的人员信息。

(5) 待测人员进入测量区域。

(6) 人员信息输入完成后,点击 OK 进入测量状态,这时指示灯 COUNTER ON 点亮。

(7) 等待测量。

(8) 定时到达后,指示灯 COUNTER ON 灭,而指示灯 COUNTER OFF 点亮。

(9) 在 NORMAL ANALYSIS REPORT 中,点击 PRINT,则将测量结果打印出来。

2. 峰位漂移测量操作

(1) 将检查源放置在距探测器中心约 45 cm 处。

(2) 选择测量时间。

(3) 进入测量状态,指示灯 COUNTER ON 点亮。

(4) 等待测量。

(5) 定时到达后,指示灯 COUNTER ON 灭,而指示灯 COUNTER OFF 点亮。

(6) 在 NORMAL ANALYSIS REPORT 中,点击 PRINT,则将测量结果打印出来。

(7) 选择测量时间。

(8) 进入测量状态,指示灯 COUNTER ON 点亮。

(9) 等待测量。

(10) 定时到达后,指示灯 COUNTER ON 灭,而指示灯 COUNTER OFF 点亮。

(11) 在 NORMAL ANALYSIS REPORT 中,点击 PRINT,则将测量结果打印出来。

3. 误报警消除操作。

当出现可疑峰后再重新测量,多次测量后仍存在说明存在该种核素,若再次测量后可疑峰消失,则判断该核素不存在(见图 1-20)。

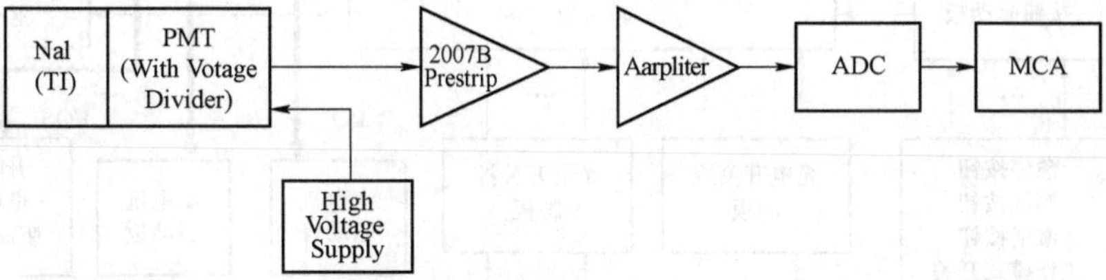

图 1-20　误报警消除操作

1.2.11　LM-21 洗衣房衣物分拣监测仪

1. 概述

衣物放射性污染检测分拣仪用来检测工作人员进入核辐射控制区期间所穿衣物是否受到沾染以及清洗之后是否仍有放射性物质残留,快速、高效,保证人员放射性安全。主要应用于核电站、核处理厂、核废料仓库等放射性厂区人员衣物安全检测。

2. 电气组成

衣物分拣仪由探测器、工控机及以及相关外围设备组成,如图 1-21 所示:每个探测器包括塑料闪烁体、光电倍增管、数据采集模块(模拟板、数字板)。模块化设计增强了系统的适用性,可与其他γ辐射监测仪互换,便于维修。每个探测器采用 RS485 工业标准串行总线与工控机进行测量数据通信;嵌入式工控机、LCD、CF 卡、触摸屏组成仪器的控制中心。采用液晶显示器实时显示各个测量通道数据,并保存在本地 CF 卡,触摸屏用于设置运行参数、测量查询;分拣仪的控制面板安装 6 个状态指示灯(正常、测量、故障、污染以及主传送带故障、副传送带故障),分别指示衣物分拣仪当前的工作状态;显示被测状态和测量结果,如检测到衣物污染及故障,则语音(声响)报警;在衣物传送区及分拣区分别安装了 4 对及 2 对红外光电开关,实现衣物位置检测;主电机驱动主传送带以 8 m/min 匀速传送,出口电机驱动出口传送带以 10 m/min 匀速传送;主/出口电机均采用 380 V/AC 50 Hz 驱动单相电机;在嵌入式工控机中安装 WINDOWS CE 操作系统和应用软件,完成衣物分拣仪的工作流程控制、测量模式的处理,实现探测器数据的收集、判断、存储和查询功能,并且通过 RJ45 网口将衣物分拣仪的工作状态和数据传送到终端计算机。

3. 结构组成

图 1-22 为衣物放射性污染检测分拣仪的产品外形图,分拣仪设计上部、下部各 1 个探测器,上部探测器采用摇把配合力传动装置控制调节高度,用以设定探测距离,达到最佳测量效果。

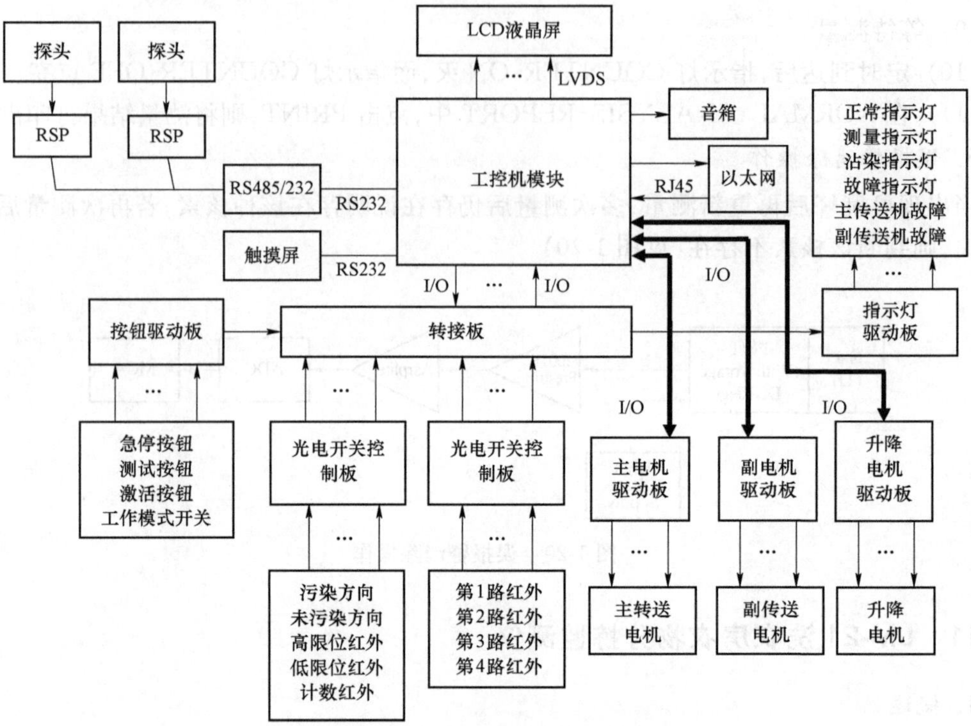

图 1-21 衣物放射性污染检测分拣仪系统框图

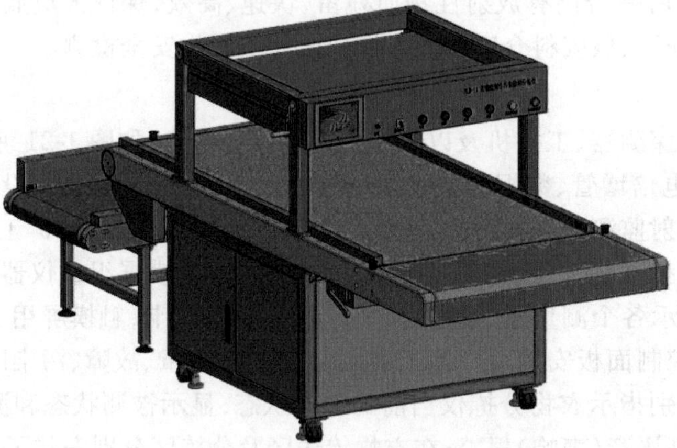
图 1-22 产品外形图

液晶触摸屏面对衣物始发端,方便工作人员查看测量结果及仪器状态。在控制面板设置状态指示灯(正常、测量、污染、故障、主传送带故障、副传送带故障)以及工作按钮(测试、模式转换开关)。在主传送带的工作台前放外侧位置对称设计急停按钮,在分拣传送带的外侧中央位置也设计有急停按钮。测试按钮用以测试整个工作控制是否正常,急停按钮保证在突发情况下停止传送带的传动。模式转换开关选择仪器工作模式。

所有电气设备放置在主传送带下方电气柜内,包括工控机、高度调节电机、键盘和鼠标(选配)、驱动板及外围控制电路。

采用计数光电开关、电机驱动(保留摇把)配合力传动装置自动调节上部探测器高度,高度值与预先设置值相匹配，电机停转，停止在对应的高度。工控机软件自动更新报警阈值，确保测量的精确性。探测高度调整的上限、下限位置安装红外传感器，起到限位保护作用。

衣物分拣仪是用于探测衣物是否沾染γ放射性物质的，并具备二次污染检测能力。衣物传送区安装 4 对红外光电开关，为控制整个监测过程提供信号支持；衣物分拣区安装 2 对红外光电开关，用以分流衣物。

传送带可更换。整个设计长距离走线比较多，统筹考虑了走线美观、方便，采用暗线方式（在支撑上部探测器的支架内腔中走线），几乎无外露走线。

4. 主要功能特点

(1) 具有自动衣物分拣功能。

(2) 具备上探测器高度自动调整及随高度变更自动调整报警阈值功能。

(3) 具有动态配置检测流程功能（连续测量模式、单件测量模式）。

(4) 具有污染分级功能。

(5) 具有自动刻度功能。

(6) 具备上部探测器高度一键到位功能及高度显示功能。

(7) 具有信息动态显示及保存功能。

(8) 具备声响及状态指示表征仪器状态。

(9) 具有故障定位、描述、分析功能。

(10) 可通过网口实现远程监控及信息管理功能。

1.2.12 技术指标

1. 运行特性

(1) 通过液晶显示屏显示仪器状态。

(2) 工控机对探头部分给出的数据进行处理并存储。

(3) 报警事件详细信息查询。

(4) 工作模式可选，自动工作模式、半自动工作模式、维护模式。

(5) 通过触摸屏，可设置参数以及阈值，并与远程计算机进行通信。

(6) 软件可实现效率标定的计算、误警率的测定、电测试、物理测试、数据的读取以及备份。

(7) 甄别器阀值在 0～2 500 mV 间可调。高压输出在 0～1 000 V 间可调。

(8) 温度在 0～50 ℃间，测量结果飘移≤2.5%。

2. 电气特性

输入特性：380 V±10%，50 Hz；220 V±10%，50 Hz。

3. 环境适应性

(1) 工作温度：0～50 ℃；

(2) 储存温度：-30～60 ℃；

(3) 湿度：(98±2) %(40 ℃)。

4. 物理特性

(1) 仪器灵敏度(γ)。

γ射线最小可探测活度≤592 Bq(条件:放射源:^{60}Co,本底≤110 nSv/h,置信水平≥90%、测量时间10 s、传送带与探头间距为2.5 cm)。

(2) 仪器灵敏度(β)。

(3) 对β射线(条件:放射源:^{90}Sr-Y^{90},本底≤110 nSv/h,置信水平≥90%、测量时间10 s,传送带与探头间距为2.5 cm)最小可探测活度为0.4 Bq/cm^2。

(4) 阀值。

1) 每个探测器有两个可调节的本底测量阀值(高本底、低本底)。

2) 每个探测器有两个可调节的污染报警阀值(污染、严重污染)。

(5) 本底辐射测量

1) 本底自动更新。每个探测器均定期测量本底水平,并同时从污染测量值中自动减去。

2) 本底辐射超过阀值,将发出报警信号。

5. 传动参数

(1) 主电动机。

380 V,50/60 Hz主电源供电。

P_{max}=370 W;

两个转动方向。

(2) 主传送带。

固定速率:8 m/min;

最大负载:20 kg@(600×300) mm^2

(3) 分拣电动机。

380 V,50/60 Hz主电源供电。

P_{max}=370 W;

两个转动方向。

(4) 分拣传送带。

固定速率:10 m/min;

最大负载:20 kg@(600×300) mm^2

6. 操作方法

衣物分拣仪有单件测量和连续测量两种测量模式。转换时需将工作模式旋钮置于“维护”模式下,在触摸屏上点击连续测量模式或单件测量模式按钮进行切换。需要准确甄别待测衣物的受沾染程度、需要测量结果精确度高时,应使用“单件测量模式”;“连续测量模式”则主要应用于对大量衣物的快速检测。以下分别介绍两种模式的检测流程。

(1) 单件测量模式。

将模式转换到单件测量模式,切换回“自动”/“半自动”挡,此时仪器将进行强制本底测量,之后正常工作,仪器记录本底数据,“正常”指示灯亮,显示屏显示“等待测量(Ready for measure)”。

将待测衣物置于仪器传送皮带上,主传送带会自动传动,当待测衣物进入探测区域时,将激活测量程序,仪器停止本底监测并开始辐射计数,“测量”指示灯亮;显示屏显示(见

图 1-23)："测量中(In progress)"。

图 1-23　"测量中"

当待测衣物离开探测区域，测量程序会比较辐射计数与本底计数，如果衣物沾染，"污染"指示灯亮；显示屏显示(见图 1-24)"污染(Contaminated)"。

图 1-24　"污染"

此时如果工作模式旋钮置于"自动"挡，则副传送带开始工作，将衣物置于"沾污" 的一侧，直至衣物完全传送完毕；如果工作模式为"半自动"，仪器的主传送带将反向传送，将沾污衣物送回工作人员所在的位置直至衣物完全传送完毕，仪器进行强制本底测量，之后回到本底测量状态。

如果衣物没有沾染，"正常"指示灯亮；显示屏(见图 1-25)显示："未污染(Uncontamination)"。

图 1-25　未污染

此时如果工作模式旋钮置于"自动"挡，则副传送带开始工作，将衣物置于"清洁" 的一侧，直至衣物完全传送完毕；如果工作模式为"半自动"，仪器的主传送带将停止传送，将衣物置于工作人员所在位置的另一侧，直至衣物完全传送完毕，仪器进行强制本底测量，之后回到本底测量状态。

(2) 连续测量模式。

将模式切换到连续测量，工作模式旋钮置于"自动"/"半自动"挡，此时仪器将进行强制本底测量，之后正常工作，仪器记录本底数据，“正常”指示灯亮，显示屏显示“等待测量(Ready for measure)”。

将待测衣物置于仪器传送皮带上，主传送带会自动传动，同时激活测量程序，仪器停止本底监测并开始辐射计数，“测量”指示灯亮；显示屏(见图 1-26)显示：“测量中(In progress)”。

图 1-26 连续测量模式

连续测量模式下，工作人员可以将待测衣物依次置于传送带上，在主传送带上所有待测衣物均通过探测区域前，测量进程不会停止，测量程序会实时比较辐射计数与本底计数，如果衣物沾染，“污染”指示灯亮；显示屏(图 1-27)显示“污染(Contaminated)”。

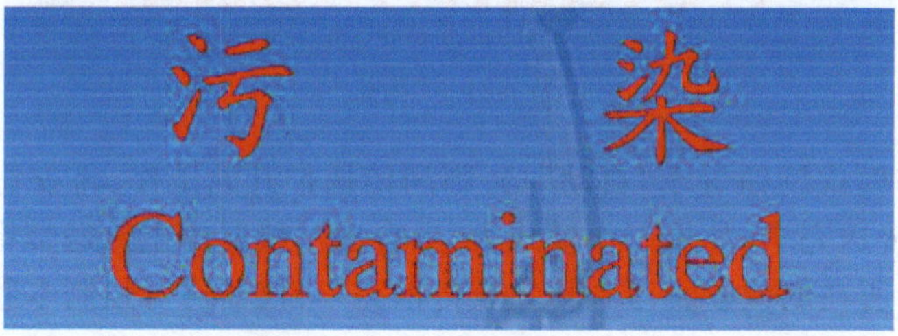

图 1-27 “污染”指示灯亮

此时如果工作模式旋钮置于“自动”挡，则副传送带开始工作，将衣物置于“沾污” 的一侧，直至衣物完全传送完毕。

当仪器在连续测量模式下出现污染时，工作人员应停止继续向主传送带上放置衣物，以免干扰软件的逻辑判断。

如果工作模式为“半自动”，仪器的主传送带将反向传送，将沾污衣物送回工作人员所在的位置直至衣物完全传送完毕，仪器进行强制本底测量，之后回到本底测量状态。

如果衣物没有沾染，“正常”指示灯亮；显示屏(见图 1-28)显示：“未污染(No contamination)”。

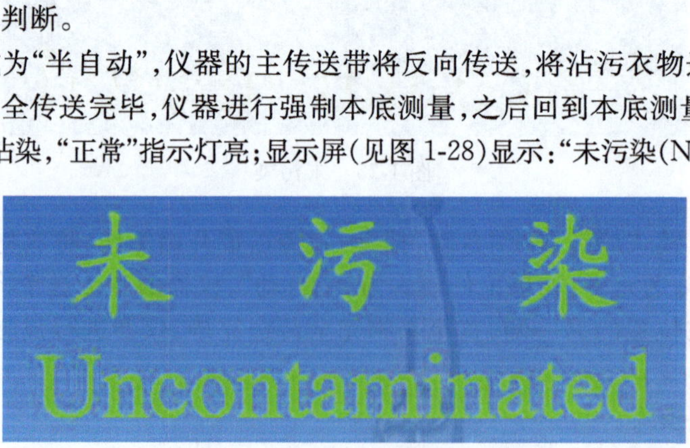

图 1-28 “未污染”

此时如果工作模式旋钮置于“自动”挡，则副传送带开始工作，将衣物置于“清洁” 的一侧，直至衣物完全传送完毕或出现污染；如果工作模式为“半自动”，仪器的主传送带将停止传送，将衣物置于工作人员所在位置的另一侧，直至衣物完全传送完毕，仪器进行强制本底测量，之后回到本底测量状态。

7. 软件使用

(1) 待机。

软件启动后，开始进入自检流程。自检过程包括：指示灯检测、传送带电机检测、高度电机检测、数据采集模块通信检测和红外开关检测等。其中高度电机检测先将电机上升至上限红外开关处，然后下降至上次设置的物品探测高度，因此自检时间相对较长，但不超过 1 min。

根据仪器模式开关挡位的不同，自检结束后进入的界面有所不同。当模式开关置于自动或半自动模式时，界面如图 1-29 所示，界面中央区域会有中英文显示当前工作状态，下方中央区域显示当前的测量模式，分别为“单件测量”和“连续测量”。屏幕右上角图标表示当前探测器高度对应的测量对象(分为“帽子”“衣服”“鞋子”三类)。

图 1-29　“等待测量”一

需要切换测量模式或改变探测器高度时，在衣物分拣仪待机状态下，将仪器的模式开关旋钮置于“维护”挡，此时主界面如图 1-30 所示，屏幕下方的测量模式按钮可用，单击即可切换；屏幕左方会列出“帽子”“衣服”“鞋子”的图标，点击即可调整探测器到相应高度；在主界面上方分别显示了两个探测器的工作状态与当前计数(平滑值)。绿色表示正常，棕色表示故障，红色为污染报警。界面左下方的按钮为管理员登录入口，右下角显示当前日期与时间。

(2) 用户登陆。

如果需要对仪器进行参数设置、效率标定、放射源管理和系统维护等维护操作，必须先进行身份识别(见图 1-31)。

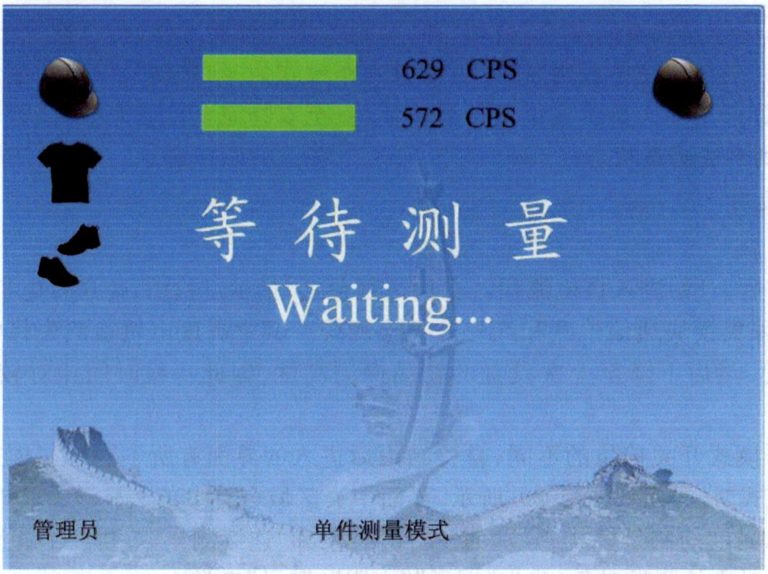

图 1-30 “等待测量”二

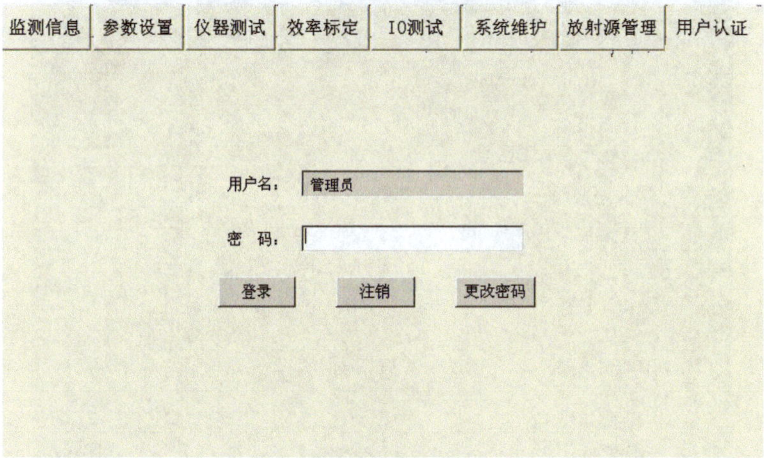

图 1-31 用户认证

在衣物分拣仪待机状态下,将工作模式选择旋钮置于“维护”挡,点击主界面“管理员”按钮进入用户认证界面,输入正确的密码后,点击“登录”按钮进入管理员界面,否则相应操作禁止,退出软件同样要先登录方可实现;当维护完成需要仪器回到待机界面时,将工作模式选择旋钮置于“自动”/“半自动”挡即可,软件会自动注销;此外,用户在此界面可以更改密码,输入正确的密码后,点击“更改密码”按钮,会弹出“更改密码对话框”,按屏幕提示操作即可更换密码。

(3) 监测信息。

在监测信息界面(见图 1-32),用户可查看当前系统时间、日期、探测器参数、计数值等内容,还可以对监测信息、报警信息等历史记录进行查询。如果仪器发生故障,则故障类型会在这个界面进行提示。

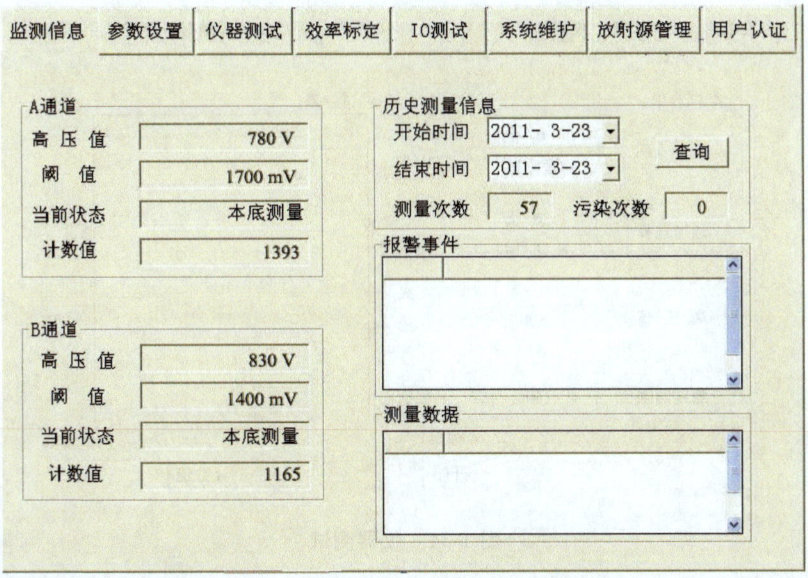

图 1-32　监测信息

(4) 参数设置。

在参数设置界面(见图 1-33),可进行工控机参数、探测器参数设置。

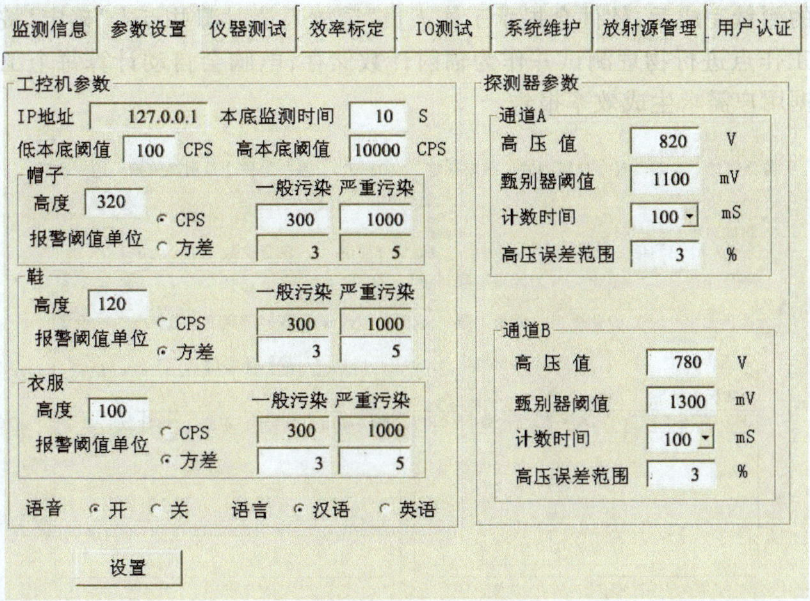

图 1-33　参数设置

(5) 仪器测试。

在仪器测试界面(见图 1-34),可进行仪器的电测试和物理测试,物理测试的高压和阈值根据用户设定,计数值的大小和环境本底有关。电测试时,仪器本身产生 10 KB 的测试信号,高压值一般设置为 100 V,阈值设定为 500 mV,计数值一般为 10 000 左右。

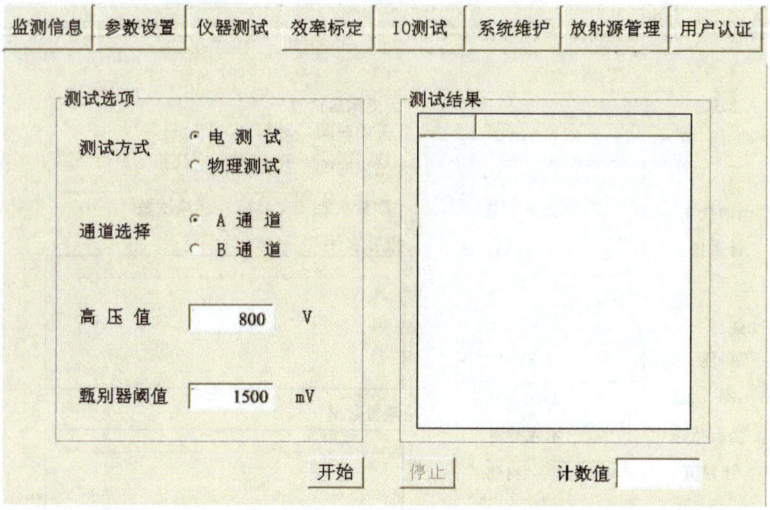

图 1-34　仪器测试

(6) 效率标定。

在效率标定界面(见图 1-35),用户首先选择对哪个通道进行标定,然后设置高压值、甄别器阈值、高压步进值、阈值步进值、放射源高度(上探测器高度),系统会根据用户设置,对每一个工作点进行物理测试并作为本底计数储存,测量结果会被电脑记录并可实时显示。所有工作点的测量完成后,软件会提示工作人员"请放入放射源并点击'确定'按钮",之后会再次对所有工作点进行物理测试并作为辐射计数储存,电脑会自动计算每个工作点的探测效率并可根据用户需求生成效率报告。

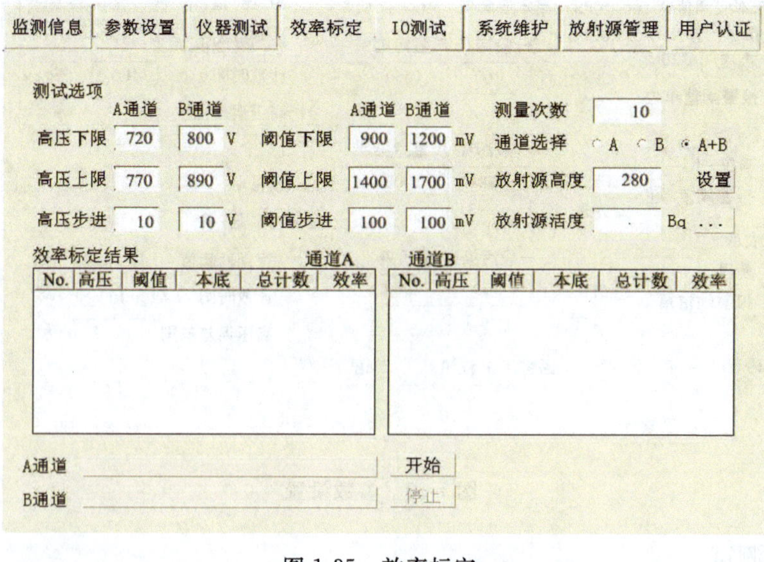

图 1-35　效率标定

(7) I/O 测试。

在"I/O 测试"界面,维护人员可以对设备的各硬件组成部分进行测试(见图 1-36)。

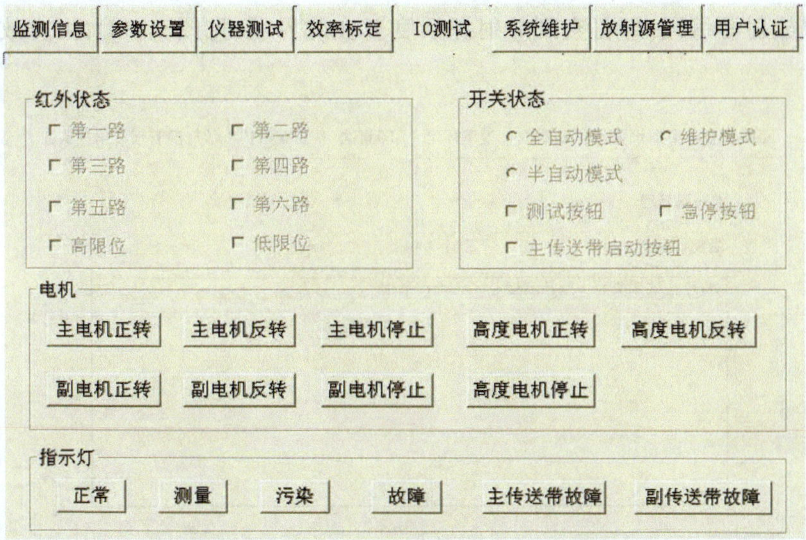

图 1-36　IO 测试

"输入"栏中给出当前设备的各个输入信号状态，有"√"的表示有信号输入，否则无信号输入；"电机控制"用来测试设备主副传送带电机和探测器高度调节电机的运行情况，点击响应按钮则设备应该执行相应动作；"LED 输出"用来测试 LED 灯的输出。

(8) 系统维护。

在系统维护界面(见图 1-37)，用户可对本地数据进行备份及处理，文件类型有数据文件、日志文件、报警文件等。

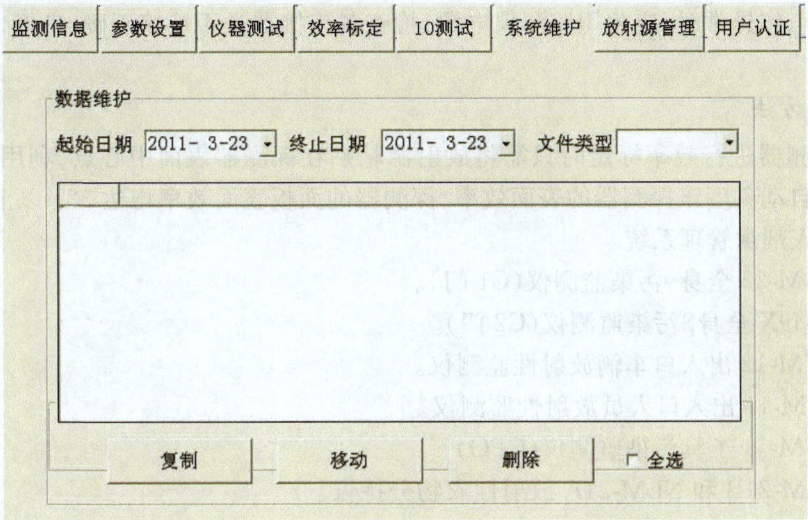

图 1-37　系统维护

(9) 放射源管理。

列表框中给出了放射源的详细信息(编号、放射源类型、生产日期、原始活度和当前活度)。用户可将常用放射源输入到放射源库，系统可自动计算当前放射源活度，在用户使用时，只需对照放射源编码，即可查到放射源活度。在此界面（见图 1-38），可对放射源库进行维护。

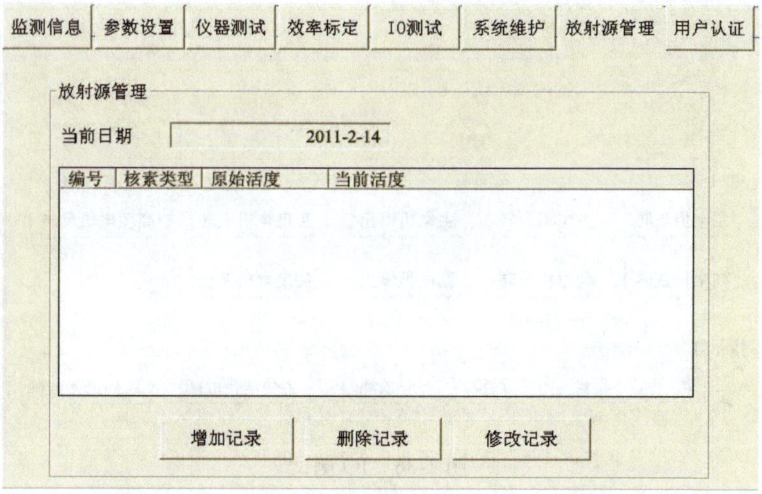

图 1-38 放射源管理

1.2.13 维护

1. *日常维护*

每天操作结束后，使用人员应用干净擦布对设备表面进行擦拭，除去残留在传送带表面上的灰尘、油脂等污物。

监测仪工作异常时，应关闭监测仪电源，检查各连接器是否连接正确、良好，电缆连接是否松动。

2. *刻度方法*

在对探测器进行效率标定时只需将放射源粘贴在探测器表面中心点，利用软件自动效率刻度功能自动刻度该探测器的表面效率，探测器的面板表面效率均达 32%以上。

(1) 个人剂量管理系统。

(2) NGM-22 全身γ污染监测仪（C1 门）。

(3) IPM9X 全身β污染监测仪（C2 门）。

(4) NVM-12 出入口车辆放射性监测仪。

(5) VPM-11 出入口人员放射性监测仪。

(6) NTM-11 工具污染监测仪（CPO）。

(7) NLM-21B 和 NLM-21A 放射性衣物分拣仪。

(8) FHT65LLX 手脚污染监测仪。

(9) 供气柜、配气箱、配电箱等辅助设备。

其中个人剂量管理系统中又包括电子个人剂量仪（NRF30）、剂量计读出器（NMR31221）、TLD、WBC。

第二章　操作实施

2.1　操作实施 1：全身污染

仪器对于测量人员来说基本无需人工操作，属高度智能化仪器。只需按语音提示操作即可。工控机与电机驱动板控制整个仪器的工作流程。其工作流程如图 2-1 所示。

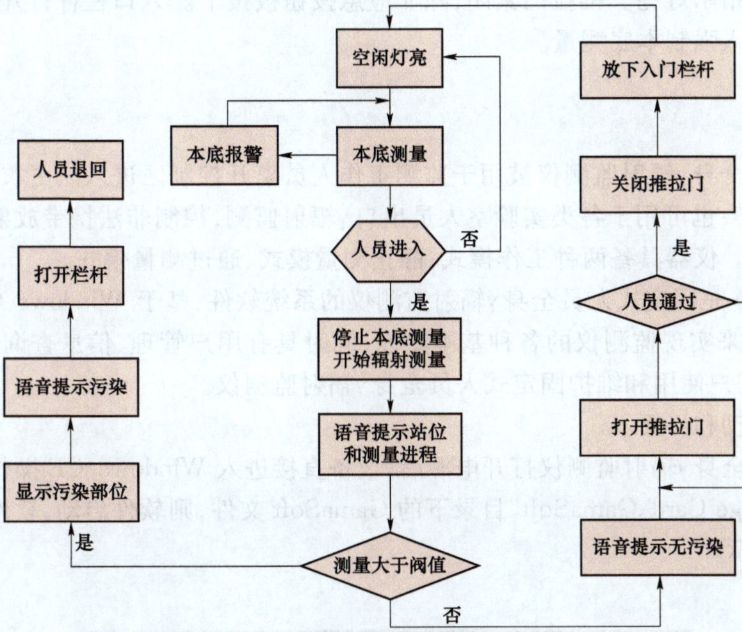

图 2-1　工作流程图

仪器开机后，进行自检。语音提示“自检中”。

自检通过，仪器转入本底测量，本底持续更新。

仪器正常工作，显示屏显示“工作状态相关信息”，“正常”状态指示灯亮。

当人员走近监测仪，雷达工作，传递逻辑信号至工控机，停止测量本底，准备进入测量状态。显示屏显示“准备测量”。

同时，语音提示“请站在指定位置”。

人员进入监测仪后，双脚处于脚形位置，由身体红外传感器感应人员是否处于正确的测量位置。如果没有进入正确的测量位置，信号传至工控机，控制喇叭发出语音提示，提示人员重新站位。语音提示“请站在指定位置”。如此重复三次，语音提示“无法测量，请退出”。

如果人员进入正确的测量位置，信号传至工控机，测量开始。工控机输出信号给电机驱动板,电机驱动板驱动入口栏杆闭合。开始测量,语音提示“数秒”“测量”状态指示灯亮。

测量完毕,由软件与喇叭实现测量结果的说明。

如果测量无沾染,语音说明无沾染。显示屏显示“无沾染”。

语音提示“您没有被污染,请退出”。

同时,工控机输出信号给电机驱动板,电机驱动板驱动出口推拉门打开。推拉门打开后,开启侧行程开关传回信号给信号控制板。等待红外传感器传回“人员已通过”的信号后,推拉门关闭,闭合侧行程开关传回信号给信号控制板。出口推拉门重新关上以后,“正常”状态灯亮。仪器转入本底监测状态。

如果测量有沾染,语音说明被沾染,并在显示屏用红色标出污染部位。

语音提示“您被沾污,请通知辐射防护人员”。

“沾污”状态指示灯亮。推拉门紧闭,除非应急按钮被按下。入口栏杆打开,语音提示人员退回。仪器进入强制本底测量。

1. 软件使用

(1) 概述。

固定式人员全身γ辐射监测仪被用于监测工作人员离开控制区进入热更衣室之前,工作服上可能的γ污染;也可用于各类实验室人员出口γ辐射监测,控制非法携带放射性物质或人员的放射性沾染。仪器具备两种工作模式:静止测量模式、通过测量模式。

GamaSoft1.0 是固定式人员全身γ辐射监测仪的系统软件,基于 Windows CE 操作系统开发。该软件用来实现监测仪的各种基本功能,同时具有用户管理、信息查询、系统维护的各项功能,方便用户使用和维护固定式人员全身γ辐射监测仪。

(2) 软件启动和界面。

固定式人员全身γ辐射监测仪打开电源后,设备直接进入 Windows CE 操作系统。点击“我的电脑\Storage Card\GamaSoft”目录下的 GamaSoft 文件,则软件启动,软件启动后运行界面如图 2-2 所示。

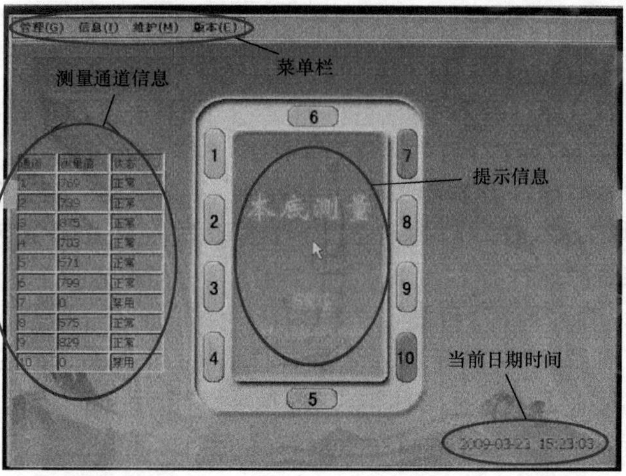

图 2-2 软件启动后运行界面

界面左上方为菜单栏，包含“管理”“信息”“维护”和“版本”菜单。界面中心的方框上的标有“1”“2”，…，“10”的图标表示相应的测量通道；图标颜色表示测量通道的状态，绿色代表“正常”，红色代表“污染”，褐色代表“故障”，灰色代表“禁用”。当设备发生状态变化时，界面中心提示信息、测量通道颜色信息都会发生相应的变化。同时，在发生故障时，界面左下方会有相应的故障提示信息；在本底测量状态下，按下“确认”按钮则会弹出各个通道的测量信息。

2. 软件使用说明

软件菜单栏包含“管理”“信息”“维护”和“版本”菜单。下面详细介绍各个菜单的具体使用。

(1) 管理。

“管理”菜单栏包含“登录”“用户管理”“注销”和“退出”。“用户管理” 负责对软件用户进行管理，该软件用户分为两级，权限由高到低分别为“管理员”和“维护人员”。

管理员：具有最高权限，主要负责设备用户管理、维护和标定，具有软件功能完全权限。

维护人员：可以实现除用户管理、效率标定功能外的任何功能。

(2) 登录。

当点击“登录”菜单时，会弹出如图 2-3 所示窗口，输入正确的用户名和密码就能顺利登录系统，否则会弹出提示信息“错误的用户名或密码，请检查后重新输入！”。

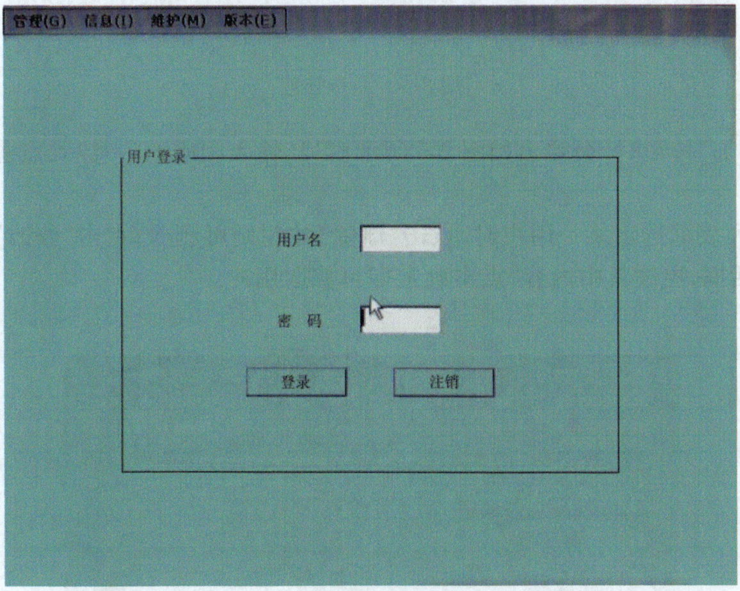

图 2-3 登录

设备处于正常工作状态下，菜单栏是自动隐藏的。需要呼出菜单栏时，用触摸笔（或外接鼠标）点击屏幕顶部区域即可。

根据登录的用户级别就会对软件具有不同的操作权限。如果没有用户登录,那么用户仅能通过点击“信息”菜单栏下的“测量信息”和“设备信息”查看相应的信息,具体信息说明后文详述。

(3) 用户管理。

当点击“用户管理”时,会弹出如图 2-4 所示窗口。“用户管理”窗口可以查看现有用户,同时可以实现用户的增加、删除、修改功能。

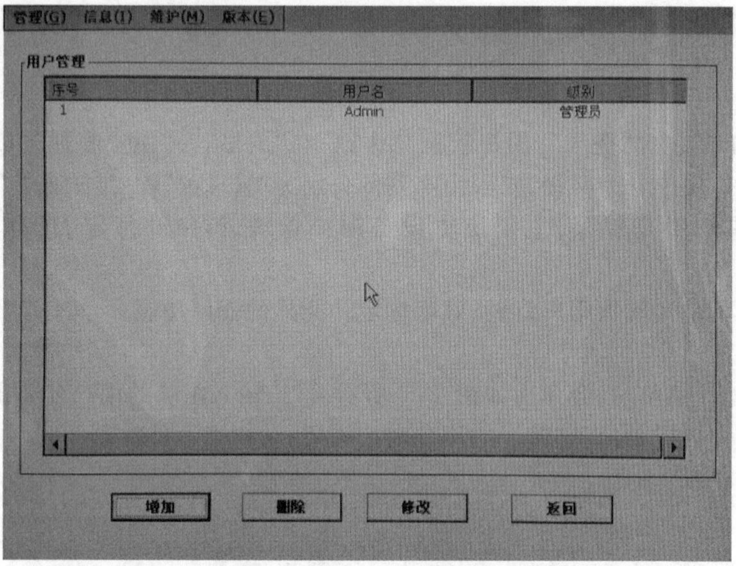

图 2-4　用户管理

当点击“增加”按钮时,会弹出如图 2-5 所示窗口,输入相应的信息后,点击“确定”按钮则增加响应用户。

当在用户列表框选定某一用户时,点击“删除”按钮则可删除;点击“修改”按钮则弹出如图 2-6 所示对话框,更改其中内容,点击确定即可修改用户。

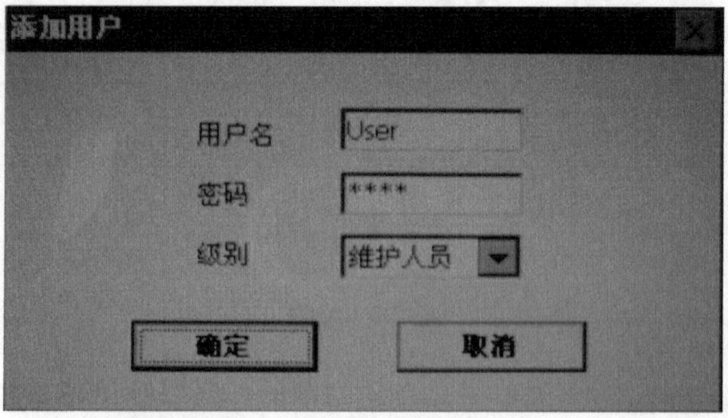

图 2-5　添加用户

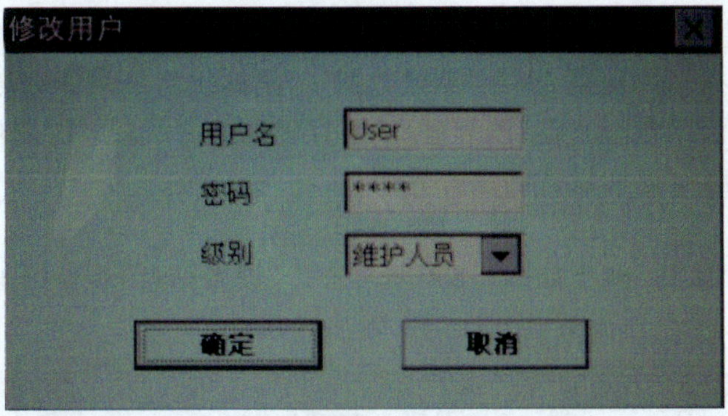

图 2-6　修改用户

点击“返回”按钮，则回到设备运行界面。

(4) 注销。

用户点击“注销”，则该用户退出登录用户，显示设备运行窗口，如果对、软件进行操作，则需要用户重新登录。

(5) 退出。

在已经登录的前提下，用户点击“退出”，则监控软件退出。

(6) 信息。

信息菜单栏包含“测量信息”和“设备信息”，用来查看已测量的数据和设备运行参数的设置，软件运行后，无需用户登录即可查看这些信息。

(7) 测量信息。

点击“测量信息”菜单，则弹出如图 2-7 所示窗口。“测量信息”中根据选择的时间区间（本日、本周、本月），给出了相应的设备测量次数和污染次数。其中，“测量次数”为设备静止测量模式下测量的次数和穿行测量模式下的污染次数之和，即穿行测量模式下的未污染次数未作统计；“污染次数”为设备发现污染的总次数。

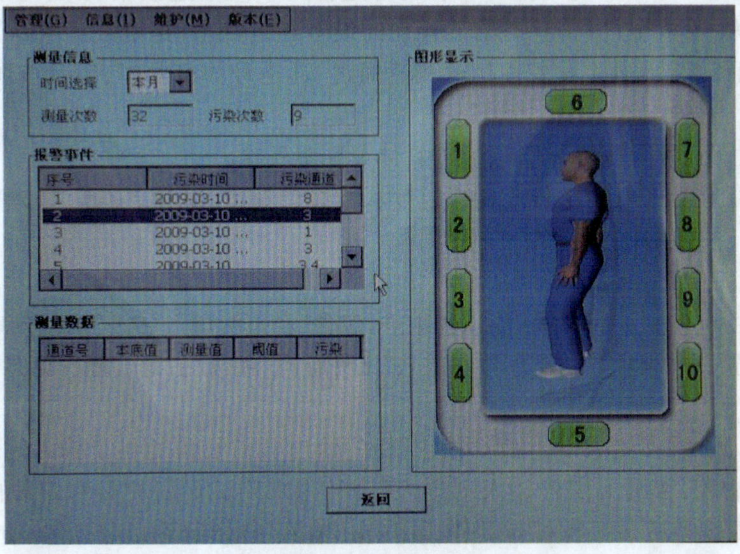

图 2-7　报警事件

“报警事件”信息栏给出了相应时间区间内的污染信息，包含发现污染时间、污染的测量通道；单击其中的某条污染信息，则在“测量数据”给出此次污染的详细测量数据(通道号、本底值、测量值、阈值、污染状态)，在“图形显示”中直观地给出了相应的测量通道状态显示。

点击“返回”按钮，则返回设备的运行界面。

(8) 设备信息。

点击“设备信息”菜单，弹出如图 2-8 所示界面。“设备信息”界面给出了当前设备的运行参数，包含运行状态、测量道配置、测量参数、输出参数。

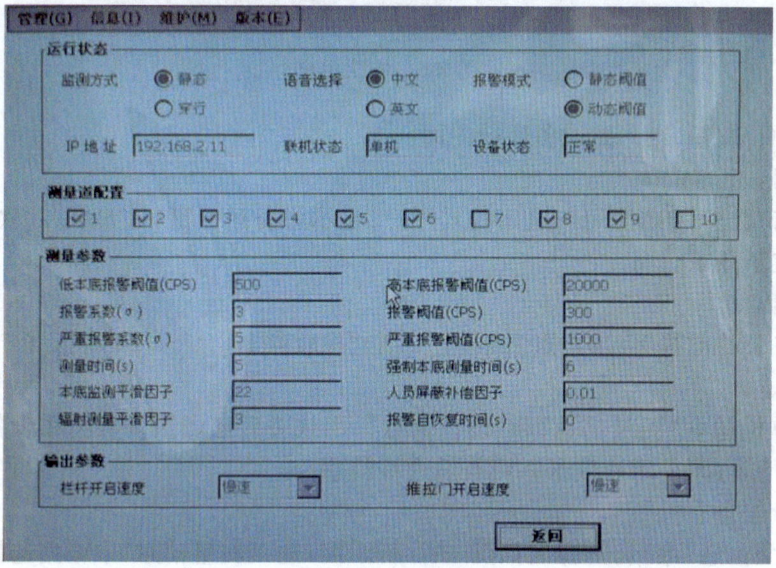

图 2-8　设备信息

“运行状态”给出了设备当前的监测方式、语言选择、报警模式，设备设置的 IP 地址、联机状态和设备状态。“联机状态”表示当前设备是否处于网络连接中，如果联网中则显示“联机”，否则显示为“单机”。设备状态给出当前的设备运行状态(正常或者故障)。

“测量道配置”给出当前设备使用的测量通道，通道号前打“√”，表示该通道为已选择的通道。

“测量参数”给出了设备的运行参数，具体说明见下文。

“输出参数”主要用来显示当前栏杆速度和推拉门速度(低速、中速、高速)。

点击“返回”按钮则回到设备运行界面。

(9) 维护。

维护菜单栏用来进行对设备的测试和维护，包含“设备测试”(I/O 测试、效率标定和探测器测试)、“系统设置”(系统参数和探测器参数)、“文件管理”和“放射源管理”(见图 2-9、图 2-10)。

I/O 测试

点击“I/O 测试”弹出如下界面：“输入”栏中给出当前设备的各个输入信号状态，有“√”的表示有信号输入，否则无信号输入；“出入控制”用来测试设备栏杆和推拉门的运行情况，点击响应按钮则设备应该执行相应动作，同时在“输入”栏会看到信号的输入情况。“LED 输出”用来测试 LED 灯的输出。

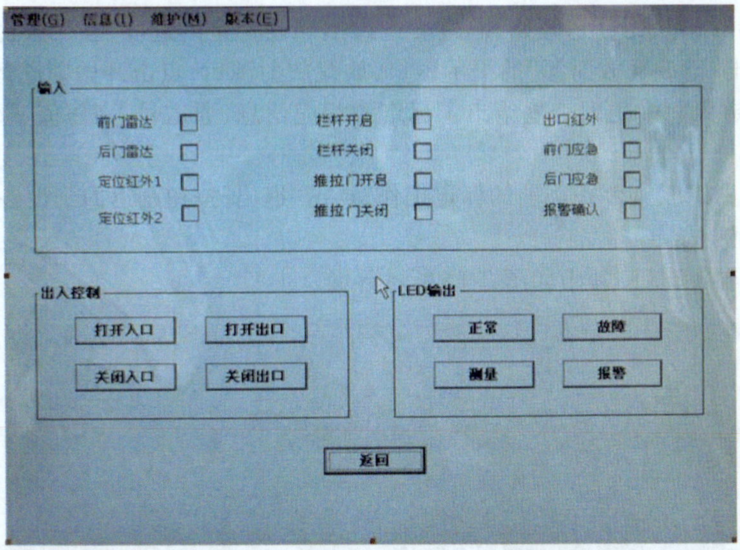

图 2-9 维护

点击“返回”则返回到设备运行界面。

1）效率标定。

点击“效率标定”则显示如下界面。

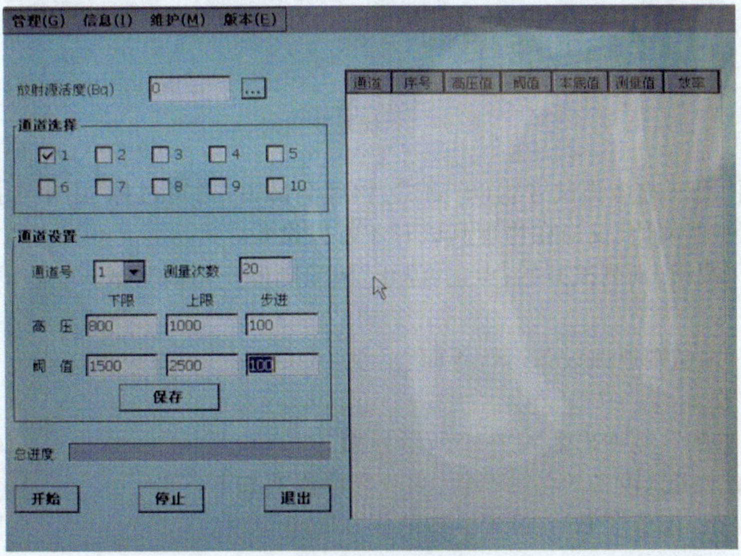

图 2-10 效率标定

该设备可以同时标定一个以上的探测器通道，极大地方便了用户对设备测量通道进行效率标定的工作。“通道选择”用来选择进行标定的测量通道。“通道设置”需要用户根据每个通道的具体情况设置相应的高压值、高压步进值和阈值、阈值步进值；“测量次数”用来设置每次标定时的数据读取次数；“放射源活度(Bq)”用来设置标定时使用的放射源。

注意：每个通道设置完毕后，需要点击“保存”按钮保存相应参数。

点击“开始”按钮，则标定开始，总进度中给出当前标定的进度，在无放射源的情况下测量完毕后会弹出“请放置放射源”的提示窗口，放置放射源后，点击开始则进行下一阶段的标定工作。在标定界面中的列表框给出了标定的相应信息（通道号、高压值、阈值、本底值、测量值和效率）。

点击“停止”按钮，则停止当前的标定工作；点击“退出”按钮则返回到设备运行界面。

2）探测器测试。

点击“探测器测试”则弹出如图 2-11 所示界面。

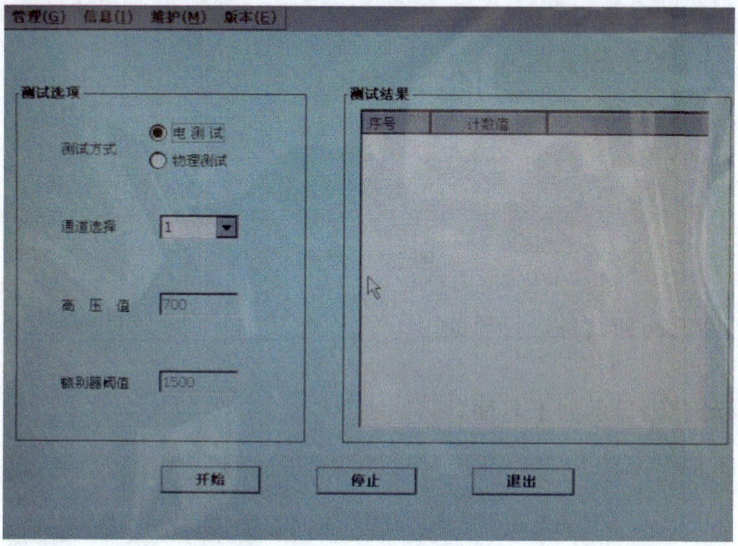

图 2-11 探测器测试

“测试选项”用来选择测试方式（电测试、物理测试）；“通道选择”用来选择测试的通道；“高压值”和“甄别器阈值”仅当在物理测试时才可以设置。

点击“开始”按钮，则测试开始；点击“停止”按钮则停止当前测试。右边的列表框给出了测试值。

点击“退出”按钮则返回设备运行界面。

3）系统参数。

点击“系统参数”，则弹出如图 2-12 所示界面。

系统参数用来设置设备的各种参数，测量参数说明如下。

① 低本底报警阈值(CPS)：设置设备的低本底报警阈值。

② 高本底报警阈值(CPS)：设置设备的高本底报警阈值。

③ 报警系数(σ)：动态阈值报警模式下的报警系数。

④ 报警阈值(CPS)：静态阈值报警模式下的报警阈值。

⑤ 严重报警系数(σ)：动态阈值报警模式下的严重报警系数。

⑥ 严重报警阈值(CPS)：静态阈值报警模式下的严重报警阈值。

⑦ 测量时间(s)：设置辐射监测的时间。

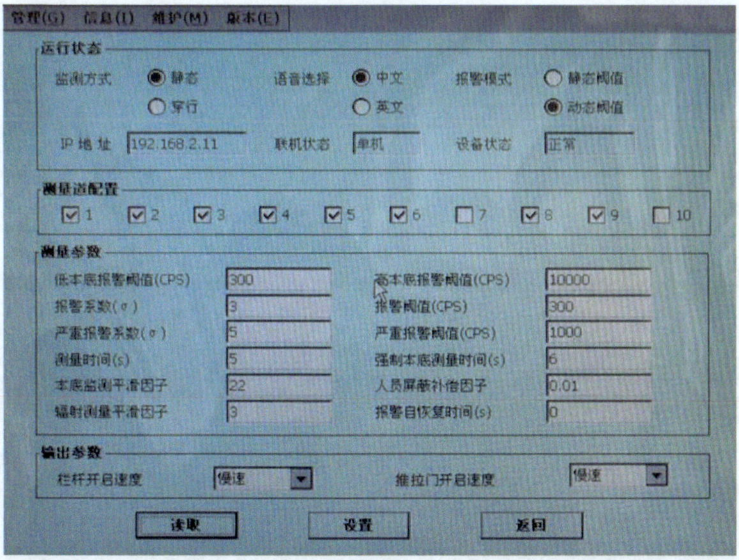

图 2-12　系统参数

⑧ 强制本底监测时间：开机后，强制本底的监测时间，确保取得相对准确的本底数据。

⑨ 本底监测平滑因子：设置本底监测的平滑因子。

⑩ 辐射监测平滑因子：设置辐射监测的平滑因子。

⑪ 人员屏蔽补偿因子：设置人员屏蔽补偿因子。

⑫ 仪器报警自恢复时间(s)：设备报警后自恢复时间。

⑬ 点击“读取”按钮则进行再次的设备参数读取；更改各项参数后，点击“设置” 按钮则进行参数的保存。

点击“返回”按钮则返回设备运行界面。

4）探测器参数。

点击“探测器参数”则弹出如图 2-13 所示界面。“RSP 参数”列表框中给出了各个测量通道的参数(高压值、阈值、计数时间、高压误差)。通过“RSP 参数设置”可以进行各个通道的参数设置，“通道号”用来选择更改的测量通道，计数时间选择更改的计数时间(100、200、250、500、1 000)，高压误差一般选择为 5%或者 10%，高压值范围一般 600～1 500 V，阈值范围为 0～2 500 mV。更改完毕后，点击设置则进行测量通道的参数设置，信息栏中会给出相应的设置信息。

点击“返回”按钮则返回设备运行界面。

5）文件管理。

点击“文件管理”，则弹出如下界面(见图 2-14)。

根据用户输入的起始日期、终止日期和文件类型(数据文件、日志文件、报警文件、效率标定、电测试和物理测试)，会在列表框中给出文件信息(文件编号、文件名、文件日期)。选择其中的某一文件，点击“复制”或“移动”按钮则会弹出目录选择对话框，选择相应的目标地址即可实现文件的复制或移动；点击“删除”按钮则实现文件的删除，删除后文件不可恢复。

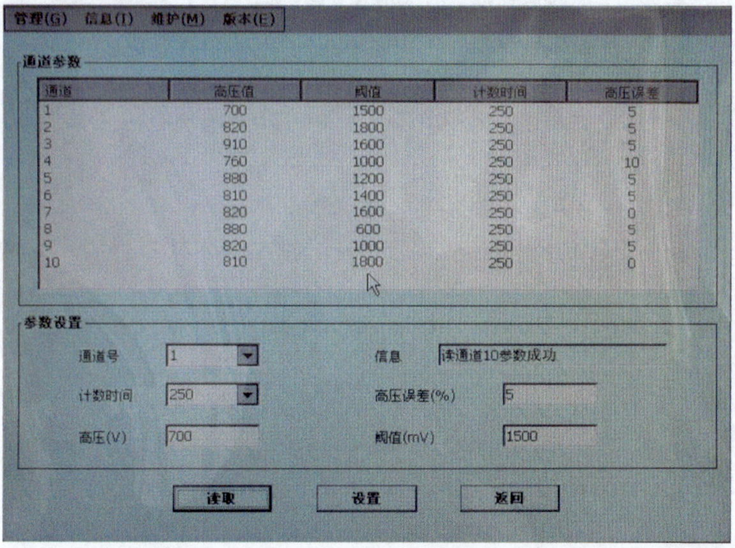

图 2-13 探测器参数

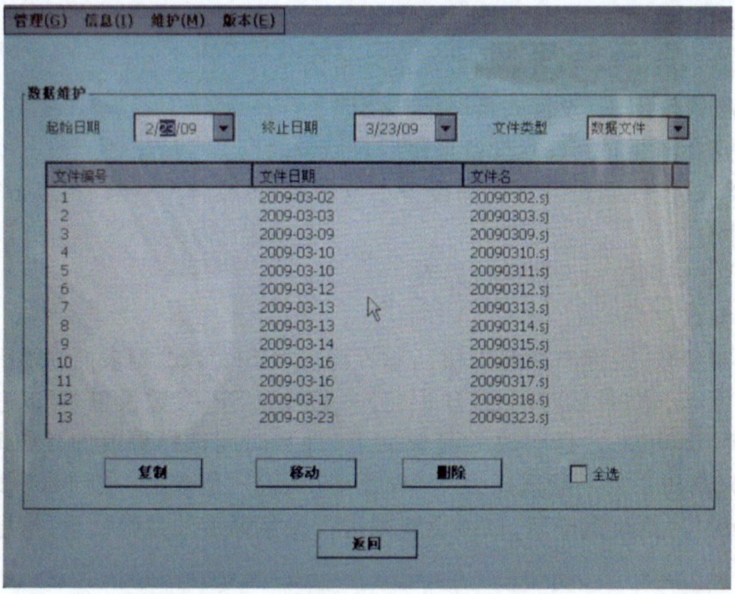

图 2-14 文件管理

点击"返回"按钮则返回到设备运行界面。

6）放射源管理。

点击"放射源管理"则弹出如图 2-15 所示对话框，列表框中给出了放射源的详细信息（编号、放射源类型、生产日期、原始活度和当前活度）。

点击"增加记录"和"修改记录"按钮则弹出如图 2-16 所示对话框，输入编号、生产日期、原始活度和放射源类型，点击"确定"按钮，即可增加或修改放射源项。

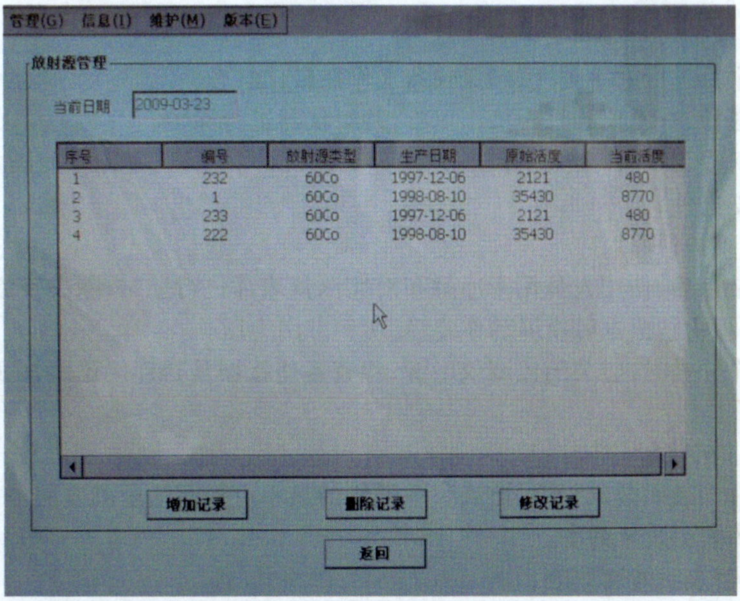

图 2-15 放射源管理

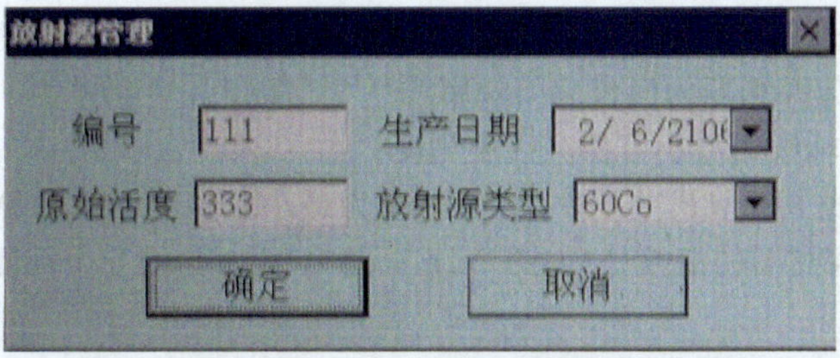

图 2-16 增加或修改放射源项

当选择列表框中的某项时,点击“删除记录”按钮,则可实现放射源项的删除。

点击“返回”按钮,则返回设备运行界面。

(10) 版本。

点击“关于”菜单项,弹出如图 2-17 所示界面。给出了设备信息和软件版本说明。

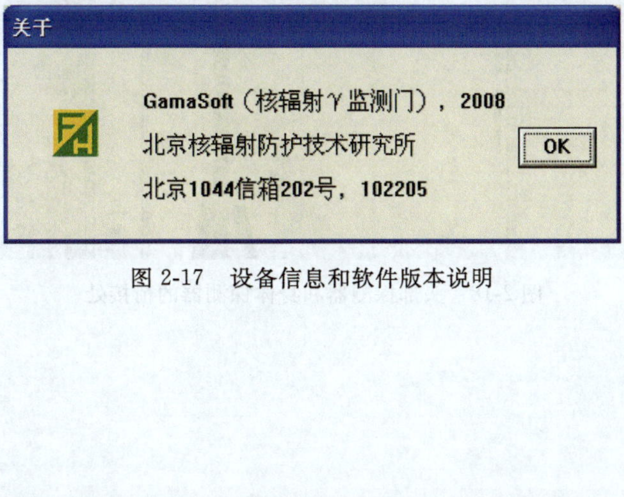

图 2-17 设备信息和软件版本说明

(11) 维护。

(12) 周期维护。

仪器需每个月进行效率刻度,确保仪器工作在最佳状态。

每周进行巡检,查看仪器是否工作正常,并对仪器进行除尘。

仪器需要每个月将测量数据导出,以便分析或统计。否则,存储空间满之后,将会自动覆盖最早的数据文件。

(13) 随机维护保养。

每天操作结束后,使用人员用干净擦布对监测仪表面进行擦拭,除去残留在面板表面上的灰尘、油脂等污物。擦拭触摸屏动作要轻,切不可用力压。

监测仪工作异常时,应关闭监测仪电源,检查各连接器是否连接正确、良好,电缆连接是否松动。

(14) 效率刻度方法。

效率刻度分为表面效率刻度、监测仪中轴线的最小可探测活度刻度两种,建议在日常维护选择较简单的表面效率刻度。

(15) 探测器表面效率刻度。

仪器在设计时用明确的红色圆点在面板表面标示出了每个探测器的中心点,在做刻度时只需将放射源粘贴在探测器表面中心点,利用软件自动效率刻度功能(操作方法详见软件使用说明-效率标度章节)自动刻度该探测器的表面效率,身体探测器的面板表面效率均达32%以上,头部和脚部探测器的面板表面效率均达26%以上。

(16) 监测仪中轴线的最小可探测活度刻度。

在监测仪中轴线上选取最差效率点,用来作为最小可探测活度计算的效率点。探测效率最差的点在两个探测器的衔接处,如图 2-18 至图 2-22 所示的 5 个探测点。

图 2-18 头部探测器和身体探测器的衔接处

图 2-19　1、2 身体探测器衔接处

图 2-20　2、3 两个身体探测器衔接处

图 2-21　3、4 两个身体探测器衔接处

图 2-22 脚部探测器和身体探测器的衔接处

经试验证明图 2-20 所示 2、3 两个身体探测器衔接处效率最差，该处效率值可用于整个监测仪中轴线的最小可探测活度计算。

根据公式：

$$\mathrm{MDA}=\frac{2\sqrt{2N_0/T}}{\varepsilon}$$

式中 MDA——最小可探测活度；

T——本底测量时间；

ε——仪器探测效率。

换算成最小可探测活度。

注意：靠近两个探测器的位置点，活度计算应如下：

上一个探测器的本底 N_1 与下一个探测器的本底 N_2 之和为 N_0，即

$$N_0=N_1+N_2$$

同理：两个探测器的辐射计数之和为 N_c，则探测效率为

$$\varepsilon=\frac{N_c-N_0}{A}\times 100\%$$

再根据公式：

$$\mathrm{MDA}=\frac{2\sqrt{2N_0/T}}{\varepsilon}$$

式中 MDA——最小可探测活度；

T——本底测量时间；

ε——仪器探测效率。

最小可探测活度值应该满足仪器设计指标。

2.2　操作实施 2:IPM9X 型的全身表面污染监测仪(C2 门)

1. 软件操作

2. 进入管理员模式

在本底检查模式下,用户可按图 2-23 所示触摸屏左下角的“IPM-9X”,以进入管理员模式。

使用键盘输入密码 hp,进入管理员模式。

3. 使用触摸屏功能

使用触摸屏时,要选择屏幕上一个功能可直接触摸菜单选项。

注意:触摸屏幕须确保手指干净,请勿采用尖锐物体点击触摸屏,例如铅笔、钢笔、螺丝等。

当触摸屏上出现数字字段时,将会出现图 2-24 所示数字键盘。

图 2-23　进入管理员模式

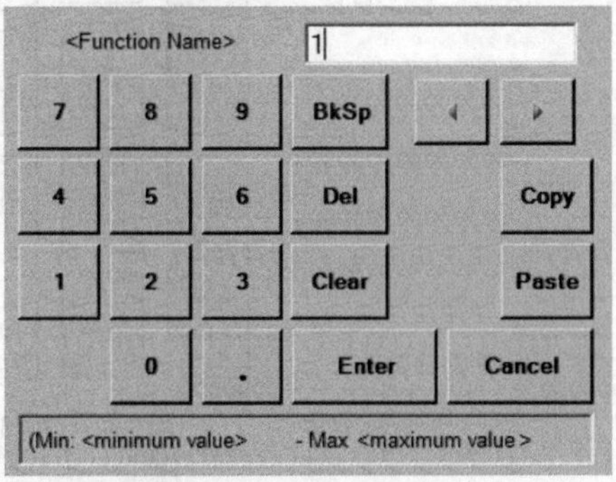

图 2-24　数字键盘

如果一个违规值被输入,该值以红色显示进行提示。

当触摸屏上出现数字字母字段时,将出现类似如图 2-25 键盘,所选语言会决定确切的键盘布局和按键名称。

图 2-25　键盘

4. 选择探测器

某些屏幕上具有选择探测器的功能，要选择单个探测器，按图 2-26 所示相应的名称。

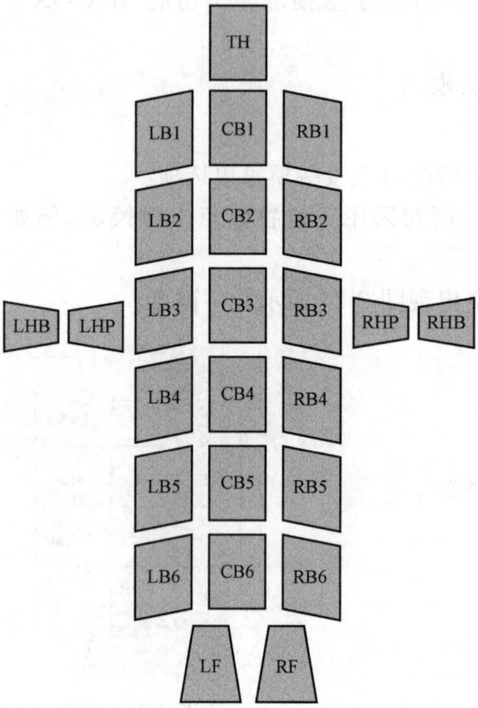

TH 头顶
LB1 身体左侧（顶端）
CB1 身体中心（顶端）
RB1 身体右侧（顶端）
LHB 左手（背面）
LHP 左手（手掌）
LB2 身体左侧（中上）
CB2 身体中央（中上）
RB2 身体右侧（中上）
RHB 右手（背面）
RHP 右手（手掌）
LB3 身体左侧（中下）
CB3 身体中央（中下）
RB3 身体右侧（中下）
CB4 身体左侧（下）
CB4 身体中央（下）
RB4 身体右侧（下）
LB5 身体左侧（腿顶端）
CB5 身体中央（腿顶端）
RB5 身体右侧（腿顶端）
LB6 身体左侧（腿下端）
CB6 身体中央（腿下端）
RB6 身体右侧（腿下端）
LF 左脚底
RF 右脚底

图 2-26 选择探测器

5. 退出管理员模式

要退出管理员模式，直接按下触摸屏左下角 IPM9X 即可。

6. 菜单

菜单如图 2-27 所示。

7. 设置菜单

设置菜单中可以自定义设置 IPM9X 的活度单位、语言、启用用户语言选择、用户 ID 要求、语言提示启用、用户可取消报警声音、故障显示要求管理员确认、退出仪器后的报警持续时间、ID 超时周期、最大消除显示时间相关参数。

可以自定义设置 IPM9X 的β快速扫描启用、快速本底启用、报警后残余污染检查、测量被放弃后的残余污染检查、自动重新计数、完成两个步骤、传感器失败后重新启动测量、禁用身体传感器、检测口进场时间、出口栅栏延迟、本底记录间隔时间(h)、运行终止恢复间隔时间(min)、快速扫描周期(s)。

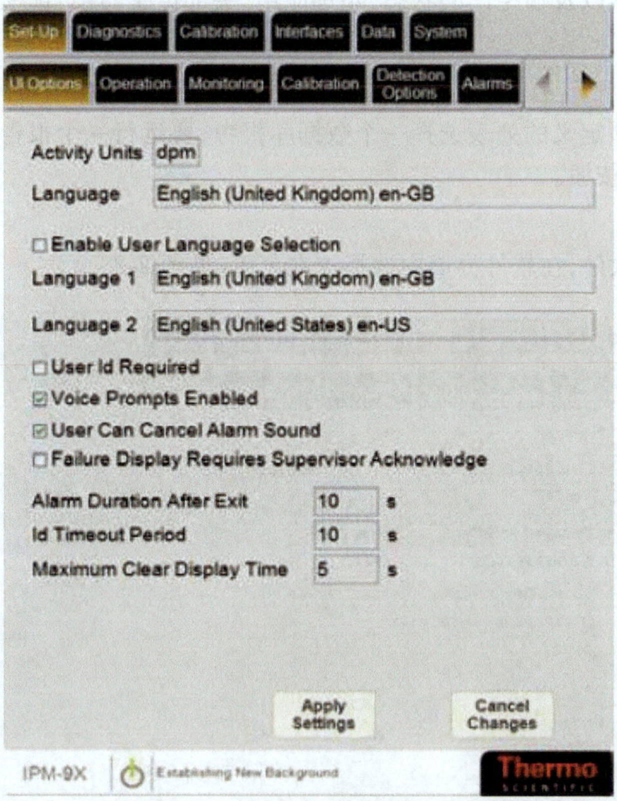

图 2-27　菜单

可以自定义设置第一套运行参数：低本底报警阈值、搞本底报警阈值、残余污染检测阈值、所有探测器更改本底、单个探测器更改本底、测量置信度、本底周期(s)、最小监测时间(s)、最大监测时间(s)、变化的条件周期(s)、变化的条件、完全本底检查过程中的计数率。

可以自定义校准参数：默认β放射源/固定物、校准要求的间隔时间、校准警告周期、默认校准确定、校准置信度、与前一次校准的最大偏差。

可以自定义设置报警和检测对比选项：β检测启用、降低叠加区灵敏度、β叠加区启用、高报警启用、高报警倍数、监测误报警率、项目检测概率。

可以选择活动的校准源并设置报警，配置 X 通道，设置高压发生器的值等。

8. 诊断菜单

诊断菜单中可以查看在一个选定的具体周期后探测器的平均值，该功能用于获得一个平均计数，以确定 IPM9X 的效率和功能。

可以查看当前的测量信息：测量类型、探测器类型、总测量周期、本底周期、β测量周期、探测器信息、详情。

可以检查报警的运行。要测试报警的运行，使用箭头选择一个β放射源，在该点可在监测仪插入一个放射源。按下启动按钮，剩余的秒数会倒计时，知道计算的测量周期结束，此时如果检测到报警，则会显示报警。勾选连续选框，可连续运行报警检测，单机停止按钮，可停止连续模式。

可以检查传感器以及栅栏门的状态,勾选应用“头部传感器锁”选框,可启动移动式头部探测器。

9. 数据菜单

数据菜单可从预定义的列表选择一个数据库报考,要运行一个报告,从列表选择一个报告,按下“运行报告”按钮。

10. 标定校准

进入设备系统软件,在软件界面中选择校准菜单(见图 2-28)。

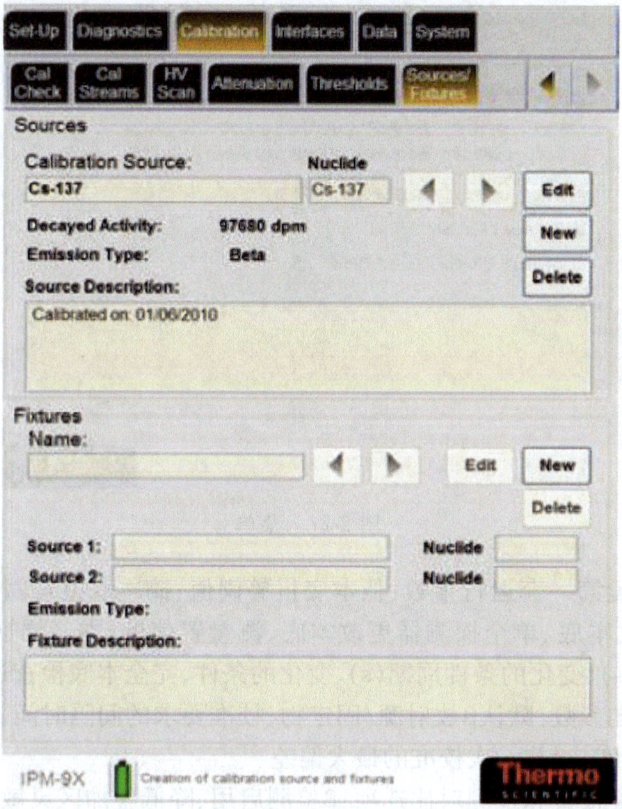

图 2-28 校准菜单

11. 探测器效率

选择校准/效率,以查看当前探测器的效率。

12. 校准状态

选择校准/校准状态,以查看探测器的校准状态。

13. 放射源

选择校准/放射源/,以创建放射源:

要创建一个新的校准源,按下“新建”按钮,将出现“选择一个核素”窗口(见图 2-29):

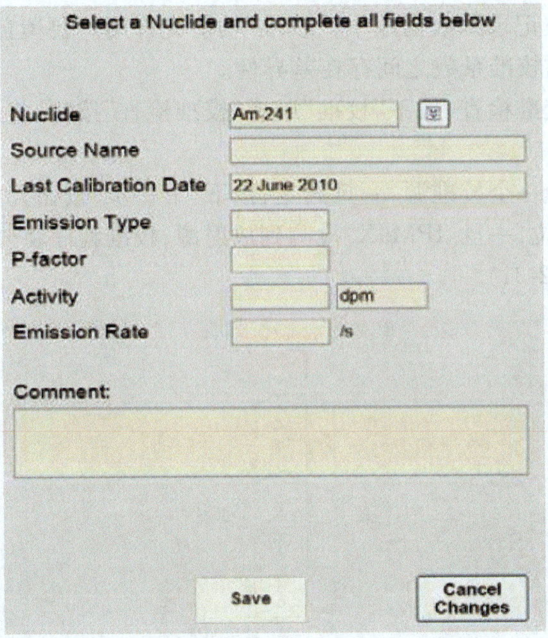

图 2-29 选择一个核素

在窗口中写入校准源的相关参数并保存。

14. 校准检查

选择校准/校准检查,以编辑一个选定放射源的校准设置,并执行校准检查(见图 2-30)。

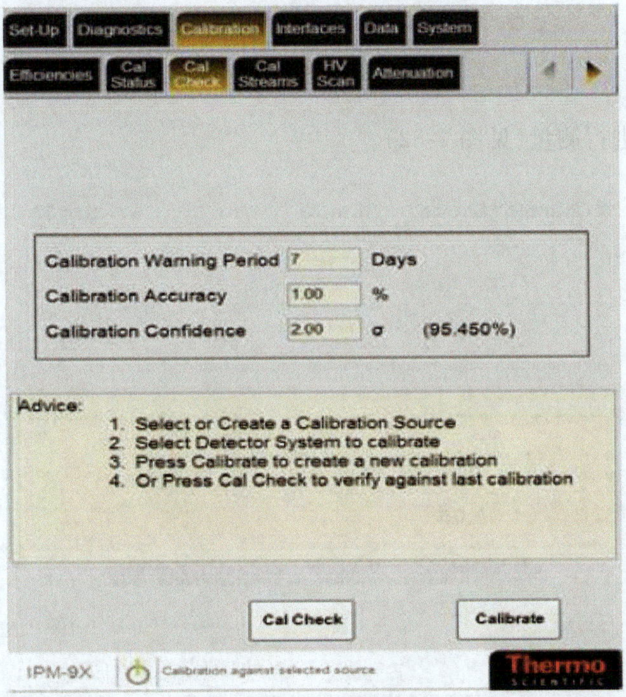

图 2-30 校准检查

所有校准结果都被记录到数据库中,“校准”功能允许用户要覆盖校准系数,“校准检查”功能可通知用户与当前校准系数之间存在差异性。

要进行校准或者校准检查,按下“校准”或者“校准检查”按钮,将显示以下校准单放射源窗口。

使用方向箭头选择一个校准源,一旦选定,按下“下一步”按钮开始进行本底测量。本底测量完毕,将放射源定位,一旦 IPM9X 检测到放射源,校准程序将开始进行消息显示,黄色表示选定放射源(见图 2-31)。

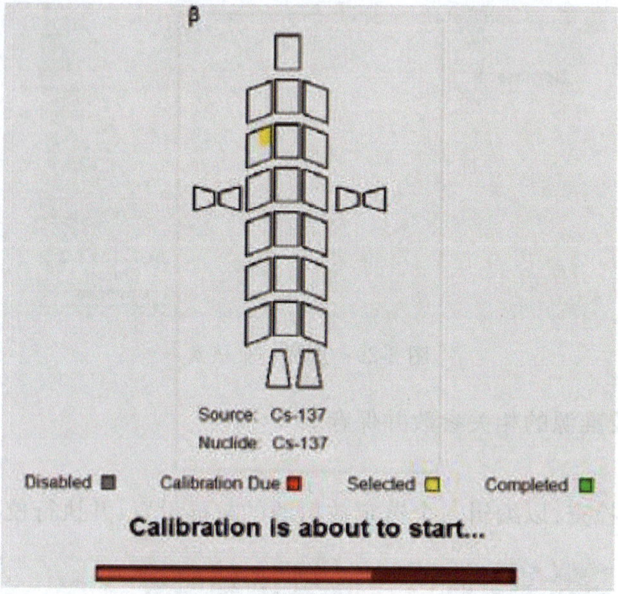

图 2-31 选定放射源

然后对放射源进行测量(见图 2-32)。

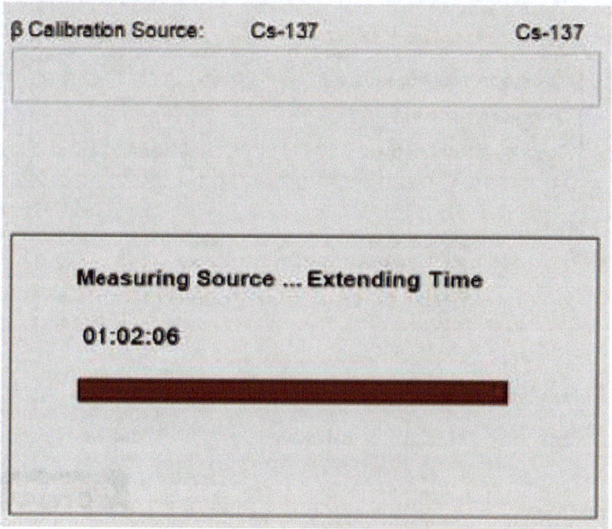

图 2-32 放射源进行测量

已完成的部位以绿色显示(见图 2-33)。

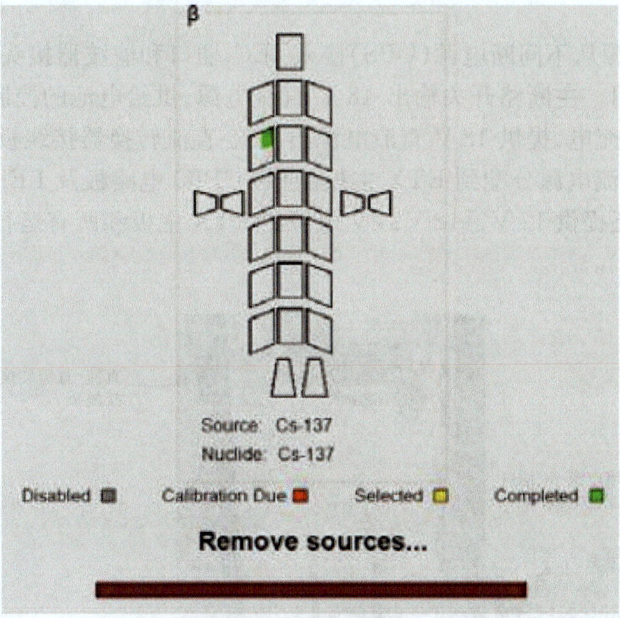

图 2-33 已完成的部位

当所有探测器都已经通过校准,按下“确认”按钮以显示校准源说明页(见图 2-34):

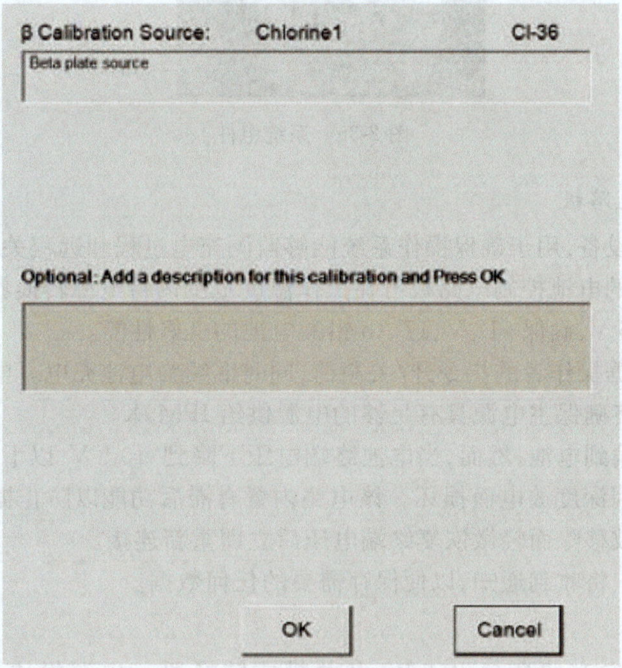

图 2-34 校准源说明

15. 技术说明

16. 电源系统

220 VAC 主电源从不间断电源(UPS)接入 IEC 插口和滤波器接头，交流电源被分配到主断路开关和电动门。主断路开关输出 18 V 直流电源，供给电池的控制电路板。电池控制电路板为 12 V 电池充电，提供 18 V 直流电源给直流-直流转换器接线板。直流-直流转换器接线板又将 18 V 直流电源分配到 ETX 主板、通用 GPIO 电路板及 LED 顶灯。此外，直流-直流转换器接线板还提供 12 V，-12 V，5 V 电源给 ETX 主板和所有运行于 X 通道总线外的系统组件(见图 2-35)。

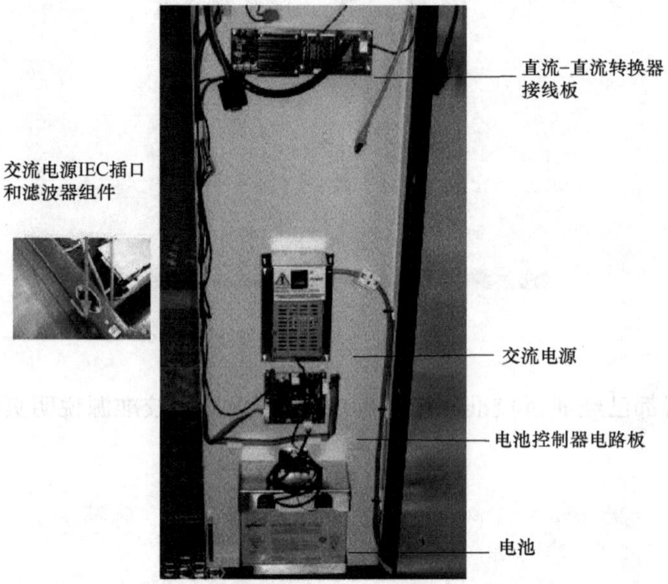

图 2-35　系统组件

17. 电池控制电路板

指一个 X 通道设备，用于确保操作系统能够监测充电过程和远程关闭载荷。

型号为 5703A 的电池控制电路板可在操作温度范围内将电源转换器电源的直流电压输出控制在 11.2～15.6 V，确保+12 V、17 Ah 铅酸电池的良好性能。

5703A 能够根据操作者的指令开/关载荷，同时继续为电池充电。电流和电压监测系统和控制电路系统始终确保主电源具有足够的电源供给 IPM9X。

电流将自动传输到电池，然而，当电池终端电压下降到 10.5 V 以下时电荷将会被移除。该电路可防止电池因深度放电而损坏。该电路内置有滞后功能以防止振荡。该电路不允许电池因其终端电荷被移除而轻微恢复终端电压后立即重新连接。

系统关闭前用户将收到通知，以便保存需要的任何数据。

18. 电源模块

主电源是一个专有的高频 150 W 开关模式转换器。电源模块可接受 85～264 V、47～63 Hz 的电源输入；在 8.33 A 最大电流下，输出范围为 12～18 V。实际输出电压由 5703 A 进行远程控制。

主电源能够以 3.3 A 最大电流为电池充电，最高温度为 40 ℃。该模块含有交流主电源和危险的直流切换电源，因此在操作时不要打开防护外盖或断开电源接地导线。该模块用户不可以自行维修。

19. 上基座电路系统

(1) 高压发生器电路板。

内置处理器 IC13 连接有 IC2 DAC 校准电路和 HV 时钟，用于提供一个升压变压器输入，为密闭气体探测器产生阳极电压。依靠软件控制，使用 Cockroft-Walton 式三倍增压电路将产生的输出高压提升到 4 kV。IPM9X 内设有两个过滤后的高压输出。

(2) 通用输入/输出控制板。

指一个用于控制和监测入口和出口(栅栏和门)人员流量控制仪(PFC)的 X 通道设备。

该控制板分为两个逻辑板块，用于控制两个方向的人员流量控制仪，输入/输出端口 0、1、2、3 分配到 PFC0，输入/输出端口 4、5、6、7 分配到 PFC1。

20. 维护

略。

21. 常规检查

本节主要介绍为确保 IPM9X 的适当运行所需的常规检查。多数运行问题都可以被系统软件自我诊断或在仪器使用过程中随时明显地表现出来，尽管如此，系统将按照规定的周期执行以下检查，以确保 IPM9X 保持完好运行。

22. 机械检查

应在校准期间或更高的频率检查 IPM9X 上安装的任何机械结构。应检查安装的结构是否有劣化、不稳定、损坏或任何其他有可能影响操作或维护安全的因素。若发现存在任何此类缺陷的迹象，应停止使用 IPM9X，并使用合适的叉车和内置的叉式升降设施将其从现场安全移除。更换 IPM9X 之前，应对安装的结构进行维修并确保安全。

23. 电器检查

在校准期间，应检查电池充电状态、显示器和 EMC 及安全接地。还应检查所有屏蔽盖是否装好，所有紧固件是否牢牢固定。

24. 放射源检查

应对 IPM9X 的检测效率进行周期性检查，检查可在校准期间进行，也可以在每次维修后或每年进行一次。校准探测器时，应将检查的放射源防止到校准位置，即与所有探测器的几何中心一致。另一种方法是进行报警检查，检查时应一次将活度余裕大于报警限值设置的放射性靠紧每一个探测器。每一个探测器都应在典型监测时间内发生报警。

2.3　操作实施 3：网络设备操作

1. 周期维护

仪器需每 6 个月进行效率刻度校准，确保仪器工作在最佳状态。

每周进行巡检，查看仪器是否工作正常，并对仪器进行除尘。

仪器需要每个月将测量数据导出，以便分析或统计。否则，存储空间满之后，将会自动覆盖最早的数据文件。

2. 效率刻度方法

效率刻度分为表面效率刻度、距仪器中心 1 m 处的最小可探测活度刻度两种，建议在日常维护选择表面效率刻度。

3. 探测器表面效率刻度

仪器前面板表面标示出了探测器的中心点，在做刻度时只需将放射源粘贴在探测器表面中心点，利用软件自动效率刻度功能自动刻度该探测器的表面效率。

4. 最小可探测活度计算

根据公式：

$$\mathrm{MDA}=\frac{2\sqrt{2N_0/T}}{\varepsilon}$$

式中　MDA——最小可探测活度；

N_0——本底计数值；

T——本底测量时间；

ε——仪器探测效率。

可计算出仪器的最小可探测活度。

第三章　故障检查和处理

3.1　NVM-12 出入口车辆放射性监测仪，VPM-11 出入口人员放射性监测仪

NVM-12 故障检查和处理如表 3-1 所列。

表 3-1　NVM-12 故障检查和处理

序号	故障现象	检查过程	处理方法
1	电源指示灯不亮	(1) 检查电源开关是否打开。 (2) 检查开关电源是否有 220 V 交流电输入。 (3) 检查保险管是否熔断。 (4) 检查开关电源是否有 12 V 电源输出。 (5) 检查电源指示灯是否故障	(1) 打开电源开关。 (2) 检查供电线路。 (3) 更换保险管。 (4) 更换开关电源。 (5) 更换电源指示灯
2	移动物体传感器无感应	(1) 检查电源板 J3 的电压是否为 12 V。 (2) 检查移动物体传感器是否正常	(1) 更换电源板。 (2) 更换移动物体传感器
3	无声光报警	(1) 检查声光报警器、连接器是否连接。 (2) 检查声光报警器是否正常。 (3) 电源驱动板 J5 电缆是否松动	(1) 正确连接。 (2) 更换声光报警器。 (3) 检查电缆
4	高本底故障	(1) 检查参数是否设置正确。 (2) 测量高压值是否正确。 (3) 进行电测试。 (4) 检查高压电缆。 (5) 检查探测器部分	(1) 正确设置参数。 (2) 更换高压模块。 (3) 更换 RSP。 (4) 更换高压电缆。 (5) 更换探测器
5	低本底故障	(1) 检查参数是否设置正确。 (2) 测量高压值是否正确。 (3) 进行电测试。 (4) 检查高压电缆。 (5) 检查探测器部分	(1) 正确设置参数。 (2) 更换高压模块。 (3) 更换 RPS。 (4) 更换高压电缆。 (5) 更换探测器
6	高压故障	(1) 检查参数是否正确。 (2) 检查数据处理单元	(1) 正确设置参数。 (2) 更换数据处理单元
7	与 RSP 通信故障	(1) 检查 RS485 连接是否断路。 (2) 检查数据采集单元是否正常。 (3) 检查工控机是否正常	(1) 正确连接 485 线。 (2) 更换数据采集单元。 (3) 更换工控机

续表

序号	故障现象	检查过程	处理方法
8	与中央机通信故障	(1) 系统配置是否正确。 (2) 检查以太网连接是否断路。 (3) 检查交换机是否正常。 (4) 检查工控机是否正常	(1) 正确配置系统参数。 (2) 正确连接。 (3) 更换交换机。 (4) 更换工控机
9	VFD 无显示	(1) 检查 VFD 是否正常。 (2) 检查工控机是否正常。 (3) 电源驱动板是否正常	(1) 更换 VFD 显示屏。 (2) 更换工控机。 (3) 更换电源驱动板
10	探测器故障	(1) 是否有沾染物存在。 (2) 检查高压是否正常。 (3) 检查参数设置是否正确。 (4) 检查高压电缆是否断路或短路。 (5) 检查光电倍增管是否正常。 (6) 检查塑料闪烁体是否漏光	(1) 移开沾染物。 (2) 参考“高压故障”处理。 (3) 正确设置参数。 (4) 更换高压电缆。 (5) 更换光电倍增管。 (6) 密封漏光部位

3.2 NGM-22 全身γ污染监测仪(C1 门)

NGM-22 故障检查和处理如表 3-2 所列。

表 3-2 NGM-22 故障检查和处理

故障现象	故障原因	排除故障措施
显示器无法显示	检查与显示器连接的连接器是否松动	上紧并固定好连接器
	检查与显示器连接的线束是否损坏、脱焊	打开面板,焊接脱焊点或更换、处理受损线束
	检查电源板上输出 5 V 是否正常	更换电源板
	检查显示器是否损坏	更换显示器
	检查 CPU 板是否正常工作	更换 CPU 板
显示器显示,但无法进入程序号	检查 CPU 板及其上的 CF 卡是否损坏	更换 CPU 板或 CF 卡
通信不正常	检查综合管理计算机内与相应通信相关的连接器是否松动	上紧并固定好连接器
	检查综合管理计算机内与相应通信相关的连接器各端子是否脱焊	打开面板,焊接脱焊点
	检查计算机内与相应通信相关的线束是否损坏	打开面板,处理或更换受损线束

续表

故障现象	故障原因	排除故障措施
无法使用主机	检查调试线缆连接器否松动、连接器端子是否脱焊、线束是否损坏	打开面板，上紧并固定好连接器、焊接脱焊点、处理或更换受损线束
	检查主机网络是否正常	更换调试主机
	检查 CPU 板是否正常工作	更换 CPU 板
与数据采集模块连不上	检查每一道的采样周期是否一致	将采样周期设为一致
	检查数据采集模块是否正常	更换数据采集模块
	检查 RS485 转换器是否工作正常	更换 RS485 转换器
高本底故障	检查仪器表面是否有放射性物质	表面进行清污处理
	检查探测器光电倍增管是否漏光	作密封处理
	光电倍增管故障	更换光电倍增管
低本底故障	数据采集模块故障	更换数据采集模块
	光电倍增管故障	更换光电倍增管
	塑料闪烁体性能下降	更换塑料闪烁体

3.3　NTM-11 工具污染监测仪(CPO)

NTM-11 故障检查和处理如表 3-3 所列。

表 3-3　NTM-11 故障检查和处理

故障现象	故障原因	排除故障措施
显示器无法显示	检查与显示器连接的连接器是否松动	上紧并固定好连接器
	检查与显示器连接的线束是否损坏、脱焊	打开面板，焊接脱焊点或更换、处理受损线束
	检查电源板上输出 5 V 是否正常	更换电源板
	检查显示器是否损坏	更换显示器
	检查 CPU 板是否正常工作	更换 CPU 板
显示器显示，但无法进入程序	检查 CPU 板及其上的 CF 卡是否损坏	更换 CPU 板或 CF 卡
	检查触摸屏是否损坏	更换触摸屏或者驱动板

续表

故障现象	故障原因	排除故障措施
通信不正常	检查综合管理计算机内与相应通信相关的连接器是否松动	上紧并固定好连接器
	检查综合管理计算机内与相应通信相关的连接器各端子是否脱焊	打开面板，焊接脱焊点
	检查计算机内与相应通信相关的线束是否损坏	打开面板，处理或更换受损线束
无法使用主机	检查调试线缆连接器是否松动、连接器端子是否脱焊、线束是否损坏	打开面板，上紧并固定好连接器、焊接脱焊点、处理或更换受损线束
	检查主机网络是否正常	更换调试主机
	检查 CPU 板是否正常工作	更换 CPU 板

3.4 NLM-21B 和 NLM-21A 放射性衣物分拣仪

NLM-21B 和 NLM-21A 故障检查和处理如表 3-4 所列。

表 3-4 NLM-21B 和 NLM-21A 故障检查和处理

序号	故障现象	故障原因	排除故障措施	备注
1	显示器无法显示	检查与显示器连接的连接器是否松动	上紧并固定好连接器	
		检查与显示器连接的线束是否损坏、脱焊	打开面板，焊接脱焊点或更换、处理受损线束	
		观查显示器背光是否点亮	更换逆变器板	
		检查显示器是否损坏	更换显示器	
		检查 CPU 板是否正常工作	更换 CPU 板	
2	开机后，主板蜂鸣器一直鸣叫，系统不能正常启动	依次检查内存、CF 卡、ETX 工控机是否与对应插座接妥	用软毛刷清理工控机底板 ETX 插座，重新插拔各设备，并接妥	仍有问题，请联络上级维修部门代为处理
		检查扩展板 5 V 电源是否达到 5 V+/-5%	用万用表检测电源模块 5 V 电压输出，如不正常，更换电源模块	
3	开机自检结束后，无法进入下一个进程	检查 BIOS 设置	进入 BIOS 设置“Standard CMOS Features”中，将“Halt On”的值设为“All，but Disk”	故障仍未排除，更换 CF 卡，如仍有问题，请联络上级维修部门代为处理

续表

序号	故障现象	故障原因	排除故障措施	备注
4	光电开关总有信号输出	检查光电开关红玻璃片是否表面沾污	用目测法检查红玻璃片是否沾污，如沾污，做去污清洁	
		检查反光镜片是否沾污或损坏	用目测法检查反光镜片是否沾污或损坏，如沾污，做去污清洁；如损坏，更换反光镜片	
5	设备正常工作情况下，上探测机构无法自动升降	检查相关的上、下限位行程开关是否动作	手动将上探测机构移至行程范围内	仍有问题，请联络上级维修部门代为处理
		检查电机热继电器是否保护	按下相应的热继电器复位按键	
6	通信不正常	检查综合管理计算机内与相应通信相关的连接器是否松动	上紧并固定好连接器	
		检查综合管理计算机内与相应通信相关的连接器各端子是否脱焊	打开面板，焊接脱焊点	
		检查计算机内与相应通信相关的线束是否损坏	打开面板，处理或更换受损线束	
7	无法使用主机	检查调试线缆连接器否松动、连接器端子是否脱焊、线束是否损坏	打开面板，上紧并固定好连接器、焊接脱焊点、处理或更换受损线束	
		检查主机网络是否正常	更换调试主机	
		检查 CPU 板是否正常工作	更换 CPU 板	
8	与数据采集模块连不上	检查每一道的采样周期是否一致	将采样周期设为一致	
		检查数据采集模块是否正常	更换数据采集模块	
		检查 RS485 转换器是否工作正常	更换 RS485 转换器	
9	高本底故障	检查仪器表面是否有放射性物质	表面进行清污处理	
		检查探测器光电倍增管是否漏光	作密封处理	
		光电倍增管故障	更换光电倍增管	
10	低本底故障	数据采集模块故障	更换数据采集模块	
		光电倍增管故障	更换光电倍增管	
		塑料闪烁体性能下降	更换塑料闪烁体	

第四章 操作结束

工后会表如下表所列。

工作内容：			工单号：	
电厂：	机组：		工作负责人/项目负责人：	
计划完工时间：			实际完工时间：	
序号		检查项目	检查结果	异常情况记录
一 工作 回顾	1	工作许可证已归还	□是 □否	
	2	检修现场清理完成	□是 □否	
	3	设备标牌清晰无损伤	□是 □否	
	4	检修任务达到预期结果	□是 □否	
	5	试验设备和工器具已归还	□是 □否	
二 经验 反馈	6	工期安排合理	□是 □否	
	7	工作人员配置充足	□是 □否	
	8	工作文件准备充分	□是 □否	
	9	工作人员的检修技能满足要求	□是 □否	
	10	规程、图纸需要升版	□是 □否	
	11	库存备件需要补充	□是 □否	
	12	更换下来的旧部件需要利旧翻新维修	□是 □否	
	13	检修过程中出现预期外的现象和报警	□是 □否	
	14	提出缺陷单、QDR、状态报告等	□有 □无	
	15	编写良好实践、经验反馈	□有 □无	
	16	工作中需要协调、改进建议等	□有 □无	
三 其他 事项	17			
工作组成员签名/日期：				

第五章　经验反馈

1. 温湿度不合适导致仪器运行损坏

方家山机组 C1 型 γ 污染监测仪经常性出现死机现象，经过多次观察和总结，确定故障原因为 UPS 和设备板卡抗环境温湿度变化能力不足。

C2 门中所用高压板对环境温湿度，主要是湿度特别敏感，当湿度过大会出现高压故障，甚至损坏高压电路板。

因此在设备运行现场，需要增加温湿度监测装置，并且配置相应的除湿设备和温控设备，这样可以保证设备运行在合理的环境条件下，大大降低设备出现死机故障的频率。

2. C2 型β全身污染监测仪探测器维修注意事项

C2 门探测器为闭气式正比计数器，因此在日常使用和维修过程中应特别注意几点：

其一、避免尖锐物体接触到探测器表面造成保护膜破损，从而损坏探测器。

其二、在更换探测器时要轻拿轻放，否则容易造成探测器内部钨丝断裂，从而损坏探测器。

其三、当 C2 门出现故障需要维修时，除非出现程序死机无法正常关机，否则必须通过工控机对 C2 门进行关机再断电，禁止通过电源开关断电，强行关机。这样可以更好的保证设备电源控制板和工控机主板的安全性能，减少设备电源故障概率。

3. 设备效率刻度注意事项

对方家山 KZC 系统所有设备进行效率刻度时，需要用到 ^{60}Co 和 ^{137}Cs 两种放射源，因此在使用放射源是，必须采取相应的辐射防护措施。针对 ^{60}Co 采用源架进行标定，尽量减少人员与放射源之间近距离接触；针对 ^{137}Cs 采用标定所用源装置，并佩戴手套等辐射防护用品，防止人员与放射源的直接接触而造成的沾污污染。

在整个放射源使用过程中，须严格遵守放射源管理和保存条例，防止掉落或者遗失。

第六章　习　题

6.1　选择题(不定项选择)(每题5分)

1. 从设备功能上来看，C1门主要监测的哪一类型的放射性核素(C)。

A. α　　B. β　　C. γ　　D. 中子

2. 从设备功能上来看，C2门主要监测的哪一类型的放射性核素(B)。

A. α　　B. β　　C. γ　　D. 中子

3. 公式：$MDA=\frac{2\sqrt{2N_0/T}}{\varepsilon}$中，$\varepsilon$的意义是什么(B)。

A. 测量时间　　B. 探测效率　　C. 测量本底　　D. 常数

4. 以下哪些原因可能造成仪表出现“低本底故障”现象(A B E)。

A. 探测器效率下降　　B. 高压模块故障

C. 附近有放射性物品存在　　D. 探测器表面被沾污

E. 探测器损坏

6.2　填空题(每题5分)

1. 衣物放射性污染检测分拣仪主要应用于核电站、核处理厂、核废料仓库等放射性厂区人员(衣物)的放射性检测。

2. 下列公式：

$MDA=\frac{2\sqrt{2N_0/T}}{\varepsilon}$中，MDA的物理意义是什么？(最小可探测活度)。

3. 车辆γ污染监测仪主要安装在核电站的车辆出入口，用于监测通过出入口的车辆是否携带放射源或放射性污染物，其主要监测(γ)射线 (填写射线种类)。

4. 放射性核素可以通过呼吸道、消化道、伤口，甚至是完好的皮肤而进入人体。常用的内照射监测方法有(至少填写两种)：体内监测、生物检验和空气监测。

6.3　简答题(每题5分)

1. KZC系统主要哪些类型的仪表组成，各类型仪表主要功能是什么。

(1) KZC系统主要由以下系统组成：

个人剂量管理系统；

全身γ污染监测仪(C1门)；

全身β污染监测仪(C2门)；

出入口车辆放射性监测仪；

出入口人员放射性监测仪；

工具污染监测仪(CPO)；

放射性衣物分拣仪；

手脚污染监测仪；

供气柜、配气箱、配电箱等辅助设备；

其中个人剂量管理系统中又包括电子个人剂量仪(NRF30)，剂量计读出器(NMR31221)，TLD，WBC。

(2) 仪器主要功能

1) 个人剂量管理系统主要为了控制人员进入控制区，并且当人员处于控制区内时进行个人剂量的测量和记录，一旦超出预定的报警阈值时发生报警，最终建立电厂工作人员的外照射剂量档案。

2) 全身γ污染监测仪(C1 门)主要检查工作人员身着工作服的表面沾污，判断工作服是可以继续穿用，还是必须清洗以后方可穿用，或者不能再穿用须作为放射性废物处理。

3) 全身β污染监测仪(C2 门)主要检查工作人员全身的表面污染，督促工作人员在表面污染超标时进行清洗，避免工作人员遭受过量表面污染照射的危害。同时隔离控制区和非控制区，避免控制区的污染向非控制区扩散，防止放射性物品未经许可被带出控制区。

4) 出入口人员和车辆放射性监测仪主要测量进出 UD1 的工作人员和车辆的放射性，防止放射性物品在不经控制的情况下被带入厂区，或带出厂区。

5) 工具污染监测仪(CPO)主要测量需带出控制区的的工具和物品的表面污染，防止沾污的工具和物品被带出控制区使用。

6) 放射性衣物分拣仪分为两种，脏衣物分拣监测仪主要用来判断衣物是进行是清洗，还是不能再穿着须作为放射性废物处理，干净衣物分拣监测仪用来判断经过清洗的衣物是否达到再次穿着的要求。

7) 手脚污染监测仪主要测量手部和脚部的表面污染，督促工作人员在表面污染超标时进行清洗，避免工作人员遭受过量表面污染照射的危害，隔离控制区和非控制区，避免控制区的污染向非控制区扩散，防止放射性物品未经许可被带出控制区。

2. 简述 C2 门的主要标定步骤。

(1) 通过账号密码方式进入设备系统软件，软件界面中选择校准菜单。

(2) 选择校准/放射源，写入新的放射源数据并保存。

(3) 选择校准/校准检查，编辑一个选定放射源的校准设置，并执行校准检查，开始本地测量。

(4) 本底测量完毕，将放射源定位，一旦 IPM9X 检测到放射源，校准程序将开始进行消息显示，黄色表示选定放射源，并且开始对放射源进行测量。

(5) 以此对所有探测器进行校准检查，当所有探测器都已经通过校准，按下“确认”按钮以显示校准源说明页。

(6) 校准完成，校准数据自动写入工控机中，覆盖原本数据。

6.4 实践操作题

鉴定点:C2 门定期校准

1. 准备要求:

考场准备:

(1) 试题名称:C2 门定期校准。

(2) 本题分值:60 分。

(3) 考核时间:45 min。

(4) 考核形式:实操。

(5) 设备设施准备:

序号	名称	规格	单位	数量	备注
1	仪用工具包		套	1	
2	标准仪器		套	1	

考生准备:

无

2. 考核要求:

(1) 本题分值:60 分。

(2) 考核时间:30 min。

(3) 考核形式:实操。

(4) 具体考核要求:掌握 C2 门定期校准。

(5) 否定项说明。

3. 配分与评分标准:

序号	考核内容	考核要点	配分	评分标准	扣分	得分
1	确认工作对象	根据标定单确认设备	5	根据标定单确认设备,未自检,扣 3 分;未互检,扣 2 分		
2	检查确认标准仪器	确认标准仪器的量程和有效期	10	(1) 未确认标准仪器的量程合适,扣 5; (2) 未确认标准仪器在有效期内,扣 5 分		
3	标定前本底测量	(1) 正确读取本底计数; (2) 正确运算本底平均值	10	未正确运算本底计数,扣 10 分		
4	正确放置放射源,读取放射源计数	(3) 选择正确的放射源; (4) 正确测量	10	(1) 放射源选择错误,扣 5 分; (2) 测量方式不正确;扣 5 分		

续表

序号	考核内容	考核要点	配分	评分标准	扣分	得分
5	正确计算探测器效率	(5) 公式使用正确； (6) 计算结果正确	10	(1) 公式使用不正确；扣 5 分； (2) 计算结果不正确；扣 5 分		
6	标定后参数输入	正确输入高压、本底、探测效率等参数	10	未能正确输入参数；扣 10 分		
7	确认工作完成，清理工作现场	工完料净	5	未工完料净，扣 5 分		

否定项：无

总分：

评分人：　　年　　月　　日　　　　　　核分人：　　　　　　　　核分人：　　年　　月　　日

第六部分 辐射防护监测系统设备运行、操作与维修

第一章 操作准备

1.1 原理描述

1.1.1 67873 系统

区域伽马监测系统是电厂辐射监测的重要组成部分。本系统能监测厂房内可能存在高伽马放射性区域的伽马放射性水平，并在伽马放射性水平超标时产生报警。此系统是在线监测系统，正常情况下保持运行，对所监测区域的伽马放射性水平进行连续监测。

1.1.2 67878 系统

空气中的氚监测系统是全厂辐射监测的重要组成部分，监测全厂可能存在氚辐射危害区域内空气中氚的浓度。系统通过抽取反应堆厂房的 19 个区域和辅助厂房的 5 个区域内的空气，在线分析空气中的氚浓度。本系统主要包括就地采样部分和固定监测部分。真空泵提供采样循环动力，就地的电磁阀控制各个区域的采样。固定式监测仪包括干燥单元、加湿单元和监测单元。

固定式监测仪的工作原理如下：采样空气中含有氚和其他惰性气体均为β放射源，而其中氚大多是以水汽的形式存在。采集的空气样品首先进入“湿”回路，检测空气中氚和惰性气体的总放射性活度；然后空气样品通过过滤器、干燥器进行干燥，除去空气中的水分（氚）；再对干燥后样品进行放射性检测，得到空气中惰性气体的放射性活度。两次探测之差便是样品中氚浓度（单位 MBq/m^3）。

氚浓度通常使用 DAC 来表述，

$$DAC=\frac{R_1-R_2}{4\times10^5}\times10^6=(R_1-R_2)\times2.5$$

其中 R_1、R_2 是“干燥除水”前后氚监测设备测得的数值（单位 MBq/m^3）。

监测单元可以显示被监测的各个区域的氚放射性活度，以提醒工作人员采取相应的防

护措施,从而减少现场工作人员的氚放射性受照剂量。

1.1.3 67882 系统

废液监测系统是全厂辐射监测的重要组成部分,用以监测全厂废液的排放。本系统从废液管理系统(79210) 的排水口引出取样流,在线监测该取样流的总放射性活度,如果取样流中的放射性浓度超过允许值,就将自动关闭 7921-PV54 以停止废液的排放。

1.1.4 67883 系统

废气监测系统(67883) 由一套喷嘴,一套取样管线和监测仪组成。监测仪分为两部分:气溶胶、碘、惰性气体监测设备和碳-14 取样设备。系统的大致流程为:一部分样品空气依次经过位于设备内的固定式粒子过滤器,碘过滤器和惰性气体分析容器,另一部分的样品空气进入到碳-14 分析仪,完成取样分析之后,两路气体汇集到一条管线排放到烟囱中。

废气监测系统(67883) 主要设备位于 S318 房间,包括两套监测设备:

(1) 烟囱废气气溶胶、碘、惰性气体监测设备(67883-PL1477);(2)碳-14 取样设备(67883-PL1476);(3)备用气溶胶、碘、惰性气体、碳-14 和氚取样/收集装置(67883-PL801);(4)重水升级塔氚、惰性气体监测盘台 1-67883-PL2601(仅 1 号机组适用)。

碳-14 取样设备,该系统主要功能是采集分析烟囱中空气所含碳-14 的总量以及以 CO_2 形式存在的碳-14。为此,碳-14 取样系统分成两个取样回路,其中一路气体通过加热催化转换器(铂/钯合金粒),将空气中的有机碳和一氧化碳氧化,再通过装有氢氧化钠溶液的洗气瓶来收集空气中总的碳-14;另外一路直接通过装有氢氧化钠溶液的洗气瓶来收集空气中以 CO_2 形式存在的碳-14,去除了碳的气体通过排气装置返回到烟囱。

本系统在故障处理时或系统标定期间需要停运,将备用废气取样系统(67883-PL801)投入运行,并通知保健物理处放射性流出物管理工程师,以便进行监测和相关数据的采集。

通过对该系统的设计变更,增加了重水升级塔区域的氚和惰性气体排放的实时监测,该系统通过取自该区域排至烟囱前,引气流到分析仪。通过系统的标气,分析排放气体中的氚和惰性气体的含量,该盘台(1-67883-PL2601) 有上下两部分组成:分别监测和显示氚和惰性气体。

1.1.5 67884 系统

二次侧辐射监测系统(67884) 对机组的二次侧气体进行在线分析,监测空气中气溶胶、碘、惰性气体的放射性水平。正常工况下,系统抽取汽轮机厂房空气进行监测;在事故工况下,系统会自动切换,对凝汽器抽真空系统的排气进行监测。

1.1.6 67885 系统

本系统为事故后监测系统,在发生LOCA事故后,在LOCA事故后仪用压空系统投入运行的同时投入本系统对反应堆厂房内的气体进行取样、监测(包括放射性气溶胶、碘、惰性气体)。本系统是全厂辐射监测的重要组成部分。

1.1.7 63103 系统

本系统采用多道分析仪原理。通过在线对主热传输系统冷却剂中碘-131(^{131}I)、氙-135(^{135}Xe)、氙-133(^{133}Xe)、氪-88(^{88}Kr) 四种核素放射性活度的监测,监测堆芯内是否存在破损燃料。

1.1.8 63105 系统

当破损燃料探测系统识别到热传输系统环路(1 或 2)有破损燃料时,就可以启动破损燃料定位系统探测破损棒束具体在哪个通道。取样和数据处理均是在微机控制下自动执行的。热传输重水分析系统在每个供水管出口(380 个通道)有取样管线,该取样管线汇集到 RB 厂房北侧 R304 房间和南侧 R303 房间。取样管线(每个房间 190 根)连接到若干盘管,盘管浸没在装有除盐水的箱子里,除盐水的作用是做为慢化剂和中子屏蔽层。每根盘管的末端连接到 8 根集管中的一根,通过它,取样重水流回主热传输系统泵的吸入口。

系统采用测量碘-137(^{137}I)和溴-87(^{87}Br) 释放出的缓发中子来识别有破损燃料的通道。裂变产物从破损燃料棒束中释放出来进入热传输系统重水,由于破损燃料通道中这些核素(碘-137、溴-87) 增加的原因,缓发中子增加,就能够确定在哪个通道中有燃料包壳破裂。系统的取样和扫描主要是通过测量小车和探测器来完成的,小车的用途是将探测器移动到正确的位置进行测量,扫描通过电动小车来进行。每个小车上装有 BF_3 探测器,在小车的每个定位点,把探测器放入取样盘管的中央,三个放入上层盘管,另三个放入下层盘管。一旦探测器就位,在预定时间内,中子计数在 12 个计数器-定标器(每个房间 6 个)中累计。当气动阀门打开,获取读数前要等待 5 min,用以稳定盘管中的流量。

1.1.9 63861 系统

本系统用于检测反应堆厂房和辅助厂房里泄漏到地板、地坑和收集系统中的轻水或重水。

在本系统每个泄漏检测探头(Beetle)上均有两个电极。正常情况下,两个电极相互之间不导通,也没有电流通过。当电极之间有重水或轻水存在时,探头的两个电极就被导通,有电流通过。当这个电流大于 65 μA 时,主控室出现 63861-MS BEETLE TROUBLE C413 报警。

1 号机组共有 60 个泄漏检测探头;2 号机组共有 59 个泄漏检测探头(2 号机组无 63861-ME-64,该探头位于 1 号机组 S1-015 房间的 3261 系统取样柜)。

1.1.10 63862 系统

本系统是 CANDU-6 监测重水泄漏的系统之一,采用液闪分析仪原理,通过对二回路轻水中氚浓度的监测,判断一回路是否存在破管。本系统属于在线监测系统,除故障处理或系统标定期间需停运外,均处于正常运行状态。正常状态下主要对蒸汽发生器、PHT 净化系统热交换器、PHT 主泵轴封冷却器、PHT 除气冷凝器出口热交换器、停堆冷却系统热交换器、慢化剂热交换器、慢化剂净化系统热交换器及装卸料机重水供应热交换器进行监测。

1.1.11　63864 系统

本系统对反应堆通风系统往烟囱的排气进行采样，通过红外原理分析反应堆厂房通风系统排气中重水浓度，计算出单位时间内重水泄漏率，用来判断反应堆厂房内是否存在重水泄漏。主要设备有采样泵、红外分析仪、满量程/标准零位阀等。

1.1.12　63495 系统

该系统的主要功能：

在线分析慢化剂覆盖气、液体区域控制系统以及 HTS 重水储存箱(3333-TK1)。

在记录器和控制室 CRT 上显示各种气体组分浓度。

当气体浓度超过所确定的限值时，向控制室发出报警，以确保核电厂的安全运行。

当氘浓度超过 2%以上时，启动慢化剂覆盖气备用压缩机。

1.2　文件准备

98-67873-9004-1-MM-A_1；

98-67878-9001-1-MM-A_3；

98-67882-9001-1-MM-A_5；

98-67883-9001-1-MM-A_2；

98-67884-9001-1-MM-A_1；

98-67885-9001-1-MM-A_1。

1.3　工器具准备

工器具准备如表 1-1 所列。

表 1-1　工器具准备

序号	名称	规格型号	数量	备注
1	^{137}Cs 放射源	15×10 cm^2 的面源	1	LRS-MA-053-S
2	计算机标准键盘	N/A	1	N/A
3	专用机柜钥匙	N/A	1	N/A

1.4　模拟体准备

三厂防人因实验室，手脚沾污仪处于可用状态。检查手脚沾污仪是否有损坏，核实可否正常动作，以确保教学过程的顺利实施。

1.5 辐射防护准备

三厂防人因实验室无辐射风险，但教学时会用到放射源。在拿取和使用放射源是应该戴防护手套。

1.6 工业安全准备

按照工业安全规定执行，所有人员穿戴劳动保护用品。具体的工业安全准备需根据现场环境而确定，但基本的工业安全需要准备。所有人员必须佩戴安全帽、防砸鞋、工作服、手套等。检修场地使用警示带进行围栏，确保工作过程中无非工作人员进入。

1.7 配合人员准备

需仪控人员配合教员。

1.8 场地准备

清理场地，确保检修场地无其他异物；合理分配场地，确保工具、设备的合理分布，方便检修；在场地外围布置警示带。

第二章　操作实施

2.1　操作实施(67873 系统)

67873 系统操作实施如表 2-1 所列。

表 2-1　67873 系统操作实施

序号	操作步骤	操作要求	工器具	测评标准	备注
1	正确启动回路率表及就地报警箱	(1) 确认回路供电电源为 120 VAC。 (2) 将控制率表 ADM606 电源开关置于 ON。 (3) 将就地报警箱的电源开关 SW1 置于 ON 的位置	万用表	(1) 确认回路供电电源。 (2) 确认控制率表和就地报警箱开关顺序号	
2	正确停运回路率表及就地报警箱	(1) 将就地报警箱的电源开关SW1置于OFF位置。 (2) 将控制率表 ADM606 的电源开关置于OFF	N/A	确认关闭就地报警箱和率表的开关顺序号	

2.2　操作实施(67878 系统)

67878 系统操作实施如表 2-2 所列。

表 2-2　67878 系统操作实施

序号	操作步骤	操作要求	工器具	测评标准	备注
1	正确投用空气中的氚监测设备	(1) 确认供电电源为 120 VAC。 (2) 将盘柜总电源开关置于 ON。 (3) 依次打开显示单元、测量单元及水箱的电源开关。 (4) 将盘柜 67878-PL1394 后面板的 CB 开关闭合。 (5) 启动 67878-PL1398 盘柜前面板的取样泵开关。 (6) 确认系统的取样流量保持在 4 L/min ±0.5 L/min 的范围内，同时取样压力保持在 0±5 kPa 的范围内	万用表	(1) 确认回路供电电源。 (2) 确认 PL1394 的 CB 开关和 PL1398 的取样泵开关的启动顺序号。 (3) 确认系统投用后的取样流量和压力	S-244

续表

序号	操作步骤	操作要求	工器具	测评标准	备注
2	正确停运空气中的氚监测设备	(1) 停运 67878-PL1398 盘柜前面板的取样泵开关。 (2) 将盘柜 67878-PL1394 后面板的 CB 开关断开。 (3) 依次关闭显示单元、测量单元及水箱的电源开关。 (4) 将盘柜总电源开关置于 OFF	N/A	确认 PL1394 的 CB 开关和 PL1398 的取样泵开关的停运顺序号	S-244

2.3 操作实施(67882 系统)

67882 系统操作实施如表 2-3 所列。

表 2-3 67882 系统操作实施

序号	操作步骤	操作要求	工器具	测评标准	备注
1	正确启动废液监测系统	(1) 确认回路供电电源为 120 VAC。 (2) 将控制率表 ADM606 电源开关置于 ON。 (3) 将取样泵电源开关置于 ON。 (4) 确认取样流量保持在 2.4～2.8 GPM	万用表	(1) 确认回路供电电源。 (2) 确认取样流量在正常范围内	S-026
2	正确停运废液监测系统	(1) 将取样泵电源开关置于 OFF 位置。 (2) 将控制率表 ADM606 的电源开关置于 OFF	N/A	N/A	S-026

2.4 操作实施(67883 系统)

67883 系统操作实施如表 2-4 所列。

表 2-4 67883 系统操作实施

序号	操作步骤	操作要求	工器具	测评标准	备注
1	正确启动废气监测系统	(1) 确认回路供电电源为 120 VAC。 (2) 闭合 67883-PL1477 盘台后方的 CB41, CB51 开关。 (3) 将控制率表 ADM606 电源开关置于 ON。 (4) 将取样泵电源开关置于 ON。 (5) 确认取样流量保持在正常范围内	万用表	(1) 确认回路供电电源。 (2) 该系统的取样流量是根据烟囱通风流量计算得出,无固定范围	S-318

续表

序号	操作步骤	操作要求	工器具	测评标准	备注
2	正确停运废气监测系统	(1) 将取样泵电源开关置于 OFF 位置。 (2) 将控制率表 ADM606 的电源开关置于 OFF。 (3) 断开 67883-PL1477 盘台后方的 CB41, CB51 开关	N/A	N/A	S-318

2.5 操作实施(67884 系统)

67884 系统操作实施如表 2-5 所列。

表 2-5 67884 系统操作实施

序号	操作步骤	操作要求	工器具	测评标准	备注
1	正确启动二次侧辐射监测系统	(1) 确认回路供电电源为 120 VAC。 (2) 闭合 67884-PL1735 盘台后方的 CB41, CB51 开关。 (3) 将控制率表 ADM606 电源开关置于 ON。 (4) 将取样泵电源开关置于 ON。 (5) 确认取样流量在 28±3 L/min 范围内,确认真空度≥0.8 inHg	万用表	(1) 确认回路供电电源。 (2) 该系统的取样流量、真空度在正常范围内	TB-213
2	正确停运二次侧辐射监测系统	(1) 将取样泵电源开关置于 OFF 位置。 (2) 将控制率表 ADM606 的电源开关置于 OFF。 (3) 断开 67884-PL1735 盘台后方的 CB41, CB51 开关	N/A	N/A	TB-213

第三章　故障检查和处理

常见故障现象和判断方法检查和处理如表 3-1 所列。

表 3-1　常见故障现象和判断方法检查和处理

序号	故障现象	判断方法	故障原因分析	故障排除方法
1	67873 系统率表 ADM606 频繁重启，就地报警箱频繁报警	(1) 检查对应回路的 CI 频繁报警。 (2) 测量率表内部的 24 VDC 输出异常	交直流转换板故障	更换交直流转换板，对故障板卡进行后续维修
2	67873 系统回路的 AI 信号输出异常	通过比对该回路不同状态下的 AI 数据变化趋势	高量程计数管老化失效	更换探头内部的高量程计数管，同时将新探头标定后，方可使用
3	67878 系统主控室出现 CI0766 的报警	现场检查就地盘柜出现 ELECTROME ZERO 报警	静电计零点漂移	调节静电计零点
4	67878 系统主控室 CI0767 的报警，但保健物理人员针筒取样结果正常	结合运行人员的操作及现场真实情况判断	由于其他的β放射性核素、惰性气体在局部升高，导致设备出现异常报警	等待电离室中的样品气体恢复正常，数据方可恢复正常
5	67882 系统现场取样罐下方出现水滴	将系统置于安全状态，解体取样罐腔体	取样罐体底部的钛窗破损，导致水流溢出	更换钛窗
6	67882 系统出现 CI821 的异常报警	经保健物理人员对废液进行取样分析，结果显示无污染	放射性物质沉积在取样罐体内部，使得取样罐体本底异常	清洁取样罐体内部
7	67883 系统的 AI0540 数据异常	通过观察 PI 曲线的变化趋势	由于惰性气体通道的时钟运行异常，导致 AI0540 的数据无法自动复位	重新激活该通道的时钟参数，或者更换控制时钟的 CPU 板
8	67883 系统的 AI0551 流量异常	取样流量与根据烟囱流量计算出来的结果偏差大	由于取样泵碳片磨损等原因导致	将系统置于安全状态，并更换取样泵内部的易损件

续表

序号	故障现象	判断方法	故障原因分析	故障排除方法
9	67884 系统在运行定期试验的过程中出现异常报警	运行人员根据 OM 执行定期试验,在旁路试验部分,设备未出现 sample bypass 的信息,响应异常	由于流量控制器堵塞导致	将系统置于安全状态,并拆除流量控制器,使用超声波浴进行清洗
10	67884 系统的冲洗回路压力过大,且无法调节	冲洗回路样品压力满量程,且无法调节	由于减压阀故障,无法对样品压力进行控制	将系统置于安全状态,更换已故障的减压阀,并将冲洗气体的压力调节至正常范围内
11	67885 系统投用后的真空度异常	67885 系统正常投用后,发现系统真空度偏高,数据异常	由于气溶胶滤纸和碘盒长时间使用,导致真空度异常升高	通知保健物理实验室工作人员更换该系统的气溶胶滤纸及碘盒

第四章　操作结束

4.1　工后会

工后会是对整个工作的过程的回顾以及必要的经验反馈(见表 4-1)。

表 4-1　工后总结记录表

工作内容					
工单流水号		设备编码		工作负责人	
计划完工时间		实际完工时间			
序号	检查项目	检查结果		异常情况记录	
第 1 部分、工作回顾					
1	工作许可证已归还	是 ☐	否 ☐		
2	检修现场清理完成	是 ☐	否 ☐		
3	设备标牌清晰无损伤	是 ☐	否 ☐		
4	检修任务达到预期结果	是 ☐	否 ☐		
5	试验设备和工器具归还完成	是 ☐	否 ☐		
第 2 部分、经验反馈					
6	工期安排是否合理	是 ☐	否 ☐		
7	工作人员配置充足	是 ☐	否 ☐		
8	工作文件准备充分	是 ☐	否 ☐		
9	工作人员的检修技能满足要求	是 ☐	否 ☐		
10	规程、图纸是否有升版需求	是 ☐	否 ☐		
11	库存备件是否需要补充	是 ☐	否 ☐		
12	更换下来的旧部件是否需要利旧翻新维修	是 ☐	否 ☐		
13	检修过程中出现预期外的现象和报警	无 ☐	有 ☐		
14	提交缺陷单、QDR、状态报告等	无 ☐	有 ☐		

续表

序号	检查项目	检查结果				异常情况记录
15	编写良好实践、经验反馈	无	□	有	□	
16	工作中需要协调、改进建议等	无	□	有	□	
17	其他事项：					
工作组成员及 QC 人员签名：						

说明：

(1) 工后总结由工作负责人组织并做好记录，原件放在文件包中；

(2) 工后总结记录单中每一项都必须打“√”确认，不要遗漏；

(3) 如有异常，请详细填写异常情况说明，以及后续处理方案；

(4) 其他事项根据讨论情况记录，经讨论没有涉及到的请填写“无”；

(5) 工后总结结束后，全体工作人员签字确认。

4.2　评判

学员对系统理论知识、运行及维修进行阐述，并说明其中的关键点以及注意事项。因本教材内容仅涉及秦三厂两台机组，专业性强，故本教材以自学为主。教员对学员的陈述简要记录，了解学员的掌握情况。教员指出学员阐述过程中的错误以及需要注意的事项，同时对学员的学习情况作出整体评判。

第五章　经验反馈

举例说明，维修人员在2号机组液氮区充装液氮时未进行适当的个人防护：

关键字：液氮罐、满功率、预防性维修；

学习适用性：仪控维修　人员本身因素；

发生时间：2012-06-13；

CR类别：C类；

CR编号：CR20122993；

机组号：1；

系统BSI：63103；

责任处室：维修处；

设备名称/设备编码：液氮罐/1-63103-TK2。

事件简述：

2013年6月13日下午2点左右，维修处工作人员在2号机组液氮罐区域进行液氮充装操作时未按照要求落实防护措施（穿短袖工作服、未佩戴防寒手套和防护面罩），存在人员冻伤的风险。而且工作人员在充装液氮前，并未按照规定向化学运行科人员提出申请和备案。

原因分析及评价：

直接原因：充装液氮整个过程需要20 min左右。由于天气炎热，维修人员在休息等待过程中临时解除了防护，在保健物理处安全监督人员到来时，维修人员正处于等待时间，误以为未做防护措施，没有与维修人员做必要的提醒和沟通。且由于充装液氮属于定期工作，此前，充装液氮的工作小组与化学运行科负责登记人员有过约定，两台机组一起登记，即180LX2，且一直执行了很长时间，并没有被告知变更登记通知的规定。

根本原因：维修人员自身没有严格遵守工业安全守则（维修人员应该在工作过程中始终穿戴防护用品），且不熟悉现场工作新的管理规定。

经验教训：

（1）维修人员在现场作业时要严格遵守工业安全守则。

（2）维修人员应经常学习现场工作管理规定。

第六章　习　题

6.1　理论题

1. 67878 系统监测部分的工作原理？

监测部分的工作原理：取样空气中含有氚和其他惰性气体均为β放射源；被采集的空气样品首先进入"湿"回路，探测氚和惰性气体的总放射性活度；然后再将湿样品通过过滤器，干燥器装置，将样品干燥；再对该样品进行放射性探测，仅得到惰性气体的放射性活度，则两次探测之差便是样品中氚浓度。

2. 67878 系统监测数据转化为 DAC 的公式？

$$\mathrm{DAC}=\frac{R_1-R_2}{4\times10^5}\times10^6=(R_1-R_2)\times2.5$$

3. 废液监测系统(67882) 通过什么信号，如何控制取样和冲洗两种模式切换？

本系统取样和冲洗模式的切换是通过 79210 出口管线上的流量计 67921-FE34 的流量信号来控制的。有流量时说明 79210 系统在排水，自动转到取样模式；当无流量信号时，自动转为冲洗模式。

4. 67882 系统正常要求取样/冲洗的流量是多少？通过哪个阀门调节的？

2.5 GPM。通过 67882—V7 来调节。

5. 67883 系统取样流量低报警产生的原因？

流量控制器故障；取样回路上的取样滤纸堵塞。

6. 简述 67884 系统的目的？

二次侧辐射监测系统(67884) 是对二次侧气体实行对气溶胶、碘、惰性气体的放射性监测，正常工况下抽取汽轮机厂房空气进行取样；在 63862 系统监测到二次侧有氚浓度高报后，系统会自动转入对凝汽器排气管的取样。

7. 对系统的 67884—MV3 以及 67884—SV2 的开关有何要求？

在正常运行下 67884-SV2 开启，67884-MV3 关闭；异常情况下 67884-SV2 关闭，67884-MV3 开启。一般情况下，不允许同时开启或同时关闭。

8. 简述 67885 系统的功能？

本系统为事故后监测系统，在发生 LOCA 事故后，仪用压空系统投入运行的同时投入本系统对反应堆厂房内的气体进行取样、监测(包括放射性气溶胶、碘、惰性气体)。本系统是全厂辐射监测的重要组成部分。

9. 67885 系统 ADM606 各功能介绍以及数据读取？

RESET：现场的报警条件已经不存在时用来消除报警。

CHECK SOURCE:用于使系统进入检查源状态。

TEST:用于进行报警灯测以及进行 GEM 预定报警试验。

MODE:用于 GEM 相关的显示功能(比如放射性活度%CT、CPM、Bq/m^3,报警设定值、取样流、等)。

SET 以及"↑"同时按住进行操作,给系统输入或者修改设定值。

"↑":查看指定条目下的信息,比如当前 CPM,以前 CPM 值。

6.2 实操题

鉴定点:秦三厂辐射监测系统设备操作。

试题 1:秦三厂部分辐射监测系统设备操作。

1. 准备要求:

考场准备:

(1) 试题名称:秦三厂部分辐射监测系统设备操作。

(2) 本题分值:20 分。

(3) 考核时间:40 min。

(4) 考核形式:实操。

(5) 设备设施准备

序号	名称	规格	单位	数量	备注
1	辐射监测系统盘柜模拟设备		台	1	
2	万用表		块	1	标定合格

考生准备:

(1) 试题名称:秦三厂部分辐射监测系统设备操作。

(2) 本题分值:20 分。

(3) 考核时间:40 min。

(4) 考核形式:实操。

(5) 工具及其他准备:无。

2. 考核要求:

(1) 本题分值:20 分。

(2) 考核时间:40 min。

(3) 考核形式:实操。

(4) 具体考核要求:根据在模拟设备上的操作顺序,及评分标准进行考核。

(5) 否定项说明:无。

3. 配分与评分标准：

序号	考核内容	考核要点	配分	评分标准	扣分	得分
1	启停区域伽马监测系统	正常启停区域伽马监测系统	4	(1) 未确认供电电源是否正常,扣2分; (2) 控制率表和就地报警箱开关顺序号错误,扣2分		
2	启停空气中的氚监测系统	正常启停空气中的氚监测系统	4	(1) 未确认供电电源是否正常,扣1分; (2) PL1394的CB开关和PL1398的取样泵开关的启停顺序号错误,扣2分; (3) 未确认系统投用后的取样流量和压力是否正常,扣1分		
3	启停废液监测系统	正常启停废液监测系统	4	(1) 未确认供电电源是否正常,扣2分; (2) 未确认取样流量是否正常,扣2分		
4	启停废气监测系统	正常启停废气监测系统	4	(1) 未确认供电电源是否正常;扣2分; (2) 未确认系统的取样流量是否正常;扣2分		
5	启停二次侧辐射监测系统	正常启停二次侧辐射监测系统	4	(1) 未确认供电电源是否正常;扣2分; (2) 未确认系统的取样流量、真空度是否正常;扣2分		

否定项:无

评分人：　年　月　日　　　　核分人：　年　月　日